JN107147

# 計測のための アナログ回路設計

## OPアンプの実践回路から微小信号の扱いまで

### 遠坂俊昭 著

CQ出版社

# はじめに

　最近の技術雑誌はまったくのパソコン一色で，ハードとくにアナログ回路はアナクロで懐古趣味ととられそうです．アナログ技術者にはなんとなく肩身の狭い世の中になっています．こんなディジタル社会の息抜きを狙ったのか，はたまたノスタルジーをかき起こそうとしているのか，「アナログの酒」などというのが売り出されたりしてまったく訳のわからない世の中です．

　では，アナログ回路は進歩していないのかというと決してそんなことはありません．OPアンプ一つとっても，つい数年前まではMHzの信号が扱えるものはセラミック・パッケージで，触れると火傷しそうにパワーを消費していたのが，最近では数mAの消費電力でなんと表面実装タイプになってしまっています．アナログ回路技術も決して停滞している訳ではありません．

　紙と鉛筆と電卓の設計環境だったアナログ回路設計も大きく変化しています．コンピュータ，とくにパソコンおよびそのソフトの高性能化と普及により，回路図エディタや回路シミュレータが手軽に使用できるようになりました．また競合に勝ち抜いていくためには，アナログASICも自由に使いこなさなくてはならない状況にもなってきています．

　アナログ回路の世界にもコンピュータによって大きなパラダイム・シフトが引き起こされています．これはひょっとすると，真空管から半導体へのパラダイム・シフトに匹敵するような大きな変化であるかもしれません．

　このようなアナログ回路の世界ですが，アナログ技術者を育成するには依然として多くの時間が必要といわれています．理由は，アナログ技術がディジタルやソフト技術にくらべて，必要とする知識の幅が桁違いに広いためです．部品の種類の多さにも象徴されています．

　アナログ回路に使用する多種の部品の中から最適なものを選択するには，豊富な経験と最新の知識が必要です．さらに，設計する状況によって選択条件が異なります．

　基本知識の蓄積がいつまでも必要なのもアナログの世界です．かつての論理回路素子の主流であったDTL（すでに知らない方が多いかも…）やTTL，そしてマイコン用OSの主流であったCP/M（これも知らない人が…）の知識は現在の電子機器の設計には不要に

なりました．しかし，オームの法則や抵抗から発生する熱雑音の知識がアナログ回路で不要になることはまずありません．

　このように過去からの知識の蓄積が必要なアナログ技術の習得には，師弟関係が不可欠だともいわれています．しかし誰にでも最適な師が見つかるとは限りません．ですが，幸いにも私達のまわりには多くのアナログ回路に関する著書があります．本書もその中の1冊として少しでも役に立てばと思い書きました．

　著者が経験した範囲で書いたため，本書が扱ったのはアナログ回路のほんの一部にすぎません．しかし実際の実験データとパソコンによるシミュレーションを多用し，できる限り具体的に読者の知識の一部となるように努めました．本書で使用したシミュレーションはすべて PSpice/CQ 版 Ver.5 で行っています．

　本書の主題は「雑音」と「負帰還」です．

　アナログ回路を設計する場合，たんに回路が動作するだけでなく，その性能を決定する要因への理解が大切です．アナログ回路の性能を決定する大きな要因は「雑音」です．

　「雑音」には「機器内部で発生する雑音」と「外部から混入する雑音」があります，第1章から第3章が内部で発生する雑音の考え方，第5章と第6章が外来雑音を防ぐ回路技術について説明してあります．

　またアナログ回路にはほとんどといっていいほど「負帰還」が使用されています．最近は OP アンプが高性能になり，「負帰還」について語られることが少なくなりました．しかしアナログ回路はこの「負帰還」に対する理解が必須の条件です．

　当然この本のすべての章に「負帰還」が使用されていますが，特に第4章では負帰還の基本的な考え方と安定な増幅器を実現するための負帰還の設計方法を説明しています．

　最後に，本書出版の機会を与えてくださった CQ 出版社の蒲生良治氏，および筆者を入社以来指導し，本書の出版を快く承認してくださった，（株）エヌエフ回路設計ブロック常務取締役の荒木邦彌氏に厚くお礼申しあげます．

1997 年夏　著者

# 目　次

# 第3章　電流入力アンプの設計
## ～光センサや CT と一緒に使う

# 第4章　負帰還回路の解析と回路シミュレーション
## ～見えない部分を明らかにする

# 第5章　差動アンプの技術を活用しよう
## ～雑音上の信号を上手に取り上げる回路技術

◆ 注意 ◆

　本書では，第3章，第4章を中心に行っている PSpice シミュレーションの結果のグラフを，コメントを付加するなど編集上の都合からいったん書き直しています．実際のプリンタ出力とはグラフの目盛りなどが異なる場合があります．グラフの形状は忠実に再現してあります．

　なお，PSpice シミュレーションの結果のグラフにはわかりやすいようにキャプション中に"(PSpice による)"という注意書きを付加しています．

# 第1章

# OPアンプをいかに低雑音にして使うか

# プリアンプを低雑音化する技術

　微小信号の検出で一番の鍵を握るのは何といってもセンサです．このセンサの性能を効率良く引き出し，処理しやすい信号レベルまで増幅するのがプリアンプの役割です．

　具体的な設計に入る前に，*S/N*〔（Signal …信号）対（Noise …雑音（ノイズ）〕〕を最大限に引き出すための回路技術を検討しておきましょう．

〈図1-1〉プリアンプをとりまく環境と必要な性能

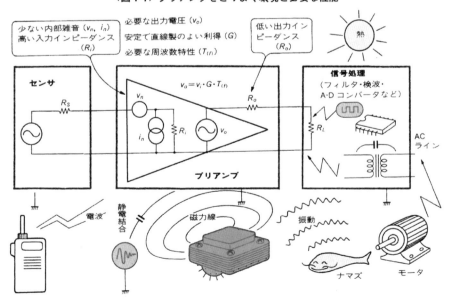

# 1.1 プリアンプに要求される性能

## ● 忠実に信号を増幅するためのポイント

　回路の詳細技術を紹介する前に，センサ用プリアンプに要求される基本的な性能をあげてみます（**図1-1**）．

① プリアンプ内部での雑音発生が少なく，外来雑音の影響を受けにくいこと．

② センサの出力インピーダンスに比べて，プリアンプの入力インピーダンスが十分高いこと．

③ 利得-周波数特性が必要な帯域をカバーしていること．

④ 必要な利得があり，温度変化などに対して安定なこと．

⑤ 利得の直線性が良く，ひずみの少ないこと．

⑥ 必要な出力電圧が得られ，出力インピーダンスが低く，負荷の影響を受けにくいこと．

　以上の事項を満足するように設計を行いますが，利得の安定性，周波数特性の平坦性，直線性の向上などの理由から，また入出力での位相変化が少なく，出力インピーダンスを低くするために**図1-2**に示す負帰還（Negative Feedback）と呼ぶ技術が重要な役割を担います．負帰還技術については第4章で詳しく説明します．

## ● 低周波回路では入力インピーダンスを高くしたい

　低周波用プリアンプではセンサで発生した信号をロスなく受け取り，プリアンプで発生

〈図1-2〉負帰還の効果

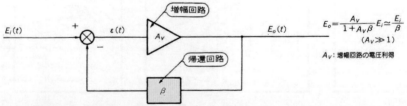

$$E_o = \frac{A_V}{1 + A_V \beta} E_i \simeq \frac{E_i}{\beta}$$

$$(A_V \gg 1)$$

$A_V$：増幅回路の電圧利得

**負帰還の効果**
① 利得が簡単に設定できる（β回路で設定）
② 利得の変動が少なくなる（ほぼβ回路で決定される）
③ 周波数特性が改善される
④ 任意の周波数特性が実現できる（β回路に周波数特性をもたせる）
⑤ 直線性が改善され，ひずみが減少する
⑥ 負帰還の方法により入出力インピーダンスが変えられる

する雑音との比をできるかぎり大きくします．このためプリアンプの入力インピーダンス
を，信号源インピーダンスに比べて十分高くする必要があります．

　**図1-3**は出力インピーダンスが1kΩ，出力10mVのセンサを，利得が100倍，入力
短絡時の雑音出力が1mVという性能のプリアンプに接続し，入力インピーダンスだけ
を1kΩと1MΩにしたときの例ですが，**A**のプリアンプ出力は信号500mV／雑音
1mVとなり，**B**のプリアンプ出力は信号999mV／雑音1mVとなることはおわかりで
しょう．

　**A**の出力が**B**に比べて小さいことも問題ですが，もっと重要なのは，**A**が**B**に比べて
プリアンプ出力の信号$S$と雑音$N$の比が小さいということです．この信号と雑音の比を
$S/N$といいますが，$S/N$は一度小さくなると，後にどんなすばらしいアンプを接続しても
この値を改善することはできません．

　したがって高い$S/N$を確保するには，入力インピーダンスを高くしてセンサで発生した
信号をロスなく受け，プリアンプ内部で発生する雑音を極力少なくして，信号と雑音の比
…$S/N$を大きくすることが大切です．

　またセンサで発生した電圧を正確に受け取り，増幅するためにも入力インピーダンスを
できる限り大きくする必要があります．

　ただし，これは低周波回路でのことです．信号の波長がケーブルの長さに対して無視で
きない高周波回路では，信号源インピーダンスと入力インピーダンスが異なると定在波が
発生してしまい，周波数特性が乱れてしまいます．

　高周波回路では信号源インピーダンスとケーブル・インピーダンス，プリアンプの入力

〈**図1-3**〉信号源抵抗…低周波では $R_{in} \gg R_s$ とする

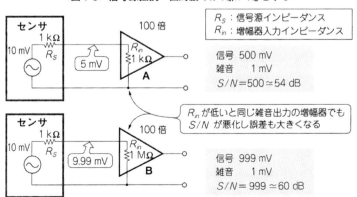

インピーダンスの三つを等しくして，マッチングをとるのが原則です．

## ● プリアンプには非反転増幅回路を使う

　OPアンプを使用したプリアンプの回路には，負帰還の方法によって**図1-4**に示すようなおなじみの反転増幅回路と非反転増幅回路がありますが，反転増幅器の入力インピーダンスはほぼ $R_1$ となります．したがって反転増幅回路で入力インピーダンスを高くするには，$R_1$ の値を大きくすることになります．

　ところが，ローノイズ・プリアンプではこの抵抗 $R_1$ の値が鍵となるのです．というのは，抵抗からは熱雑音と呼ぶ原理的に発生する雑音があるためで（これは神様が決めてしまったものなので，いくら設計者があがいてもだめ！），抵抗値が大きいと熱雑音も大きくなってしまうのです．

　このことから低周波でのローノイズ・プリアンプでは，帰還回路の抵抗値 $R_1$ が小さくても入力インピーダンスが高くできる非反転増幅器が有利になります．

　**図1-4**(b)からもわかるように，非反転増幅回路の入力インピーダンスは負帰還の作用により $R_1$ の値に比べて非常に高くすることができます．

### 〈図1-4〉代表的な二つの増幅回路

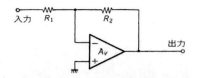

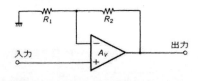

利得 $= -\dfrac{R_2}{R_1} \cdot \dfrac{1}{\dfrac{R_2}{R_1 \cdot A_V} + \dfrac{R_2}{Z_{in} \cdot A_V} + \dfrac{1}{A_V} + 1}$

$\fallingdotseq -\dfrac{R_2}{R_1}$

**入力インピーダンス**

$= R_1 \cdot \dfrac{\dfrac{1}{R_1} + \dfrac{1}{Z_{in}} + \dfrac{1}{R_2} + \dfrac{A_V}{R_2}}{\dfrac{1}{Z_{in}} + \dfrac{1}{R_2} + \dfrac{A_V}{R_2}} \fallingdotseq R_1$

$(A_V \gg 1)$

利得 $= \dfrac{A_V}{1 + \dfrac{R_1 \cdot A_V}{R_1 + R_2}} \fallingdotseq \dfrac{R_1 + R_2}{R_1}$

**入力インピーダンス**

$= \dfrac{Z_{in}(R_1 + R_2 + R_1 \cdot A_V)}{R_1 + R_2}$

$= Z_{in}\left(1 + \dfrac{R_1 \cdot A_V}{R_1 + R_2}\right)$

$A_V$:OPアンプの電圧利得　　$Z_{in}$:OPアンプの入力インピーダンス
（**a**）反転増幅器　　　　　　　　　（**b**）非反転増幅器

## 1.2　熱雑音（Thermal Noise）を理解しておこう

### ● 抵抗で発生する熱雑音の大きさ

先に抵抗から熱雑音が発生することを説明しましたが，雑音を考えるときにはこの熱雑音がすべての基準となります．熱雑音は導体内部の自由電子がブラウン運動をするため発生し，この値は次の式で決定されます．

$$v_n = \sqrt{4kTRB} \ (\mathrm{V_{rms}}) \ \cdots\cdots\cdots (1)$$

$k$：ボルツマン定数（$1.38 \times 10^{-23}$ J/K）

$T$：絶対温度（K）

$R$：抵抗値（$\Omega$）

$B$：帯域幅（Hz）

計算しやすい式では $T = 300$ K（27 ℃）として，

$$v_n = 0.126\sqrt{R \ (\mathrm{k\Omega}) \times B \ (\mathrm{kHz})} \ (\mu\mathrm{V_{rms}}) \ \cdots\cdots\cdots (2)$$

このように，抵抗から発生する熱雑音は温度，抵抗値，帯域幅の三つのパラメータの平方根に比例することになります．また熱雑音の周波数スペクトルは均一で，**図1-5** に示すように同じ帯域幅であれば，どの周波数においてでも同じ振幅値となります．

例えば温度 27 ℃で 1 k Ω の抵抗値からは，1 kHz を中心とした 100 Hz 帯域で発生する雑音電圧は $40.7 \ \mathrm{nV_{rms}}$，1 MHz を中心とする 100 Hz 帯域で発生する雑音電圧も $40.7 \ \mathrm{nV_{rms}}$ となります．

**図1-6** は，各周波数帯域幅における抵抗値に対する熱雑音の発生量を示したグラフです．

〈図 1-5〉
**熱雑音…帯域幅が同じならどの**
**周波数でも同じ振幅**

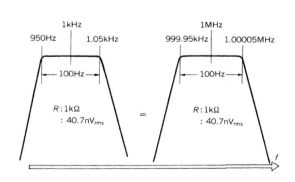

〈図1-6〉
帯域幅と熱雑音と抵抗値

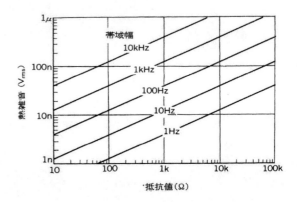

● **熱雑音のもつ性質**

**写真1-1**は抵抗で発生した熱雑音を増幅し,帯域を制限して測定した例です.熱雑音の波形は不規則に見えますが,不思議なことに波形の瞬時値の発生頻度を計測してみると,**図1-7**のような正規分布(ガウス分布)となっています.つまり熱雑音の瞬時電圧の最大は限界がないことになりますが,電圧が大きくなるほど現れる頻度は少なくなります.

したがって実効値の約3倍の電圧は0.1%の頻度で現れることになり,オシロスコープで注意深く観測するとこのくらいまでが見えます.**表1-1**に熱雑音の波高率(Crest Factorあるいは Peak Factor)と頻度の関係を示します.波高率というのは実効値に対して波形のピークがどのくらいあるかを表すパラメータで,正弦波の場合は$\sqrt{2}$,方形波の場合は1となります.パルス状のノイズなどでは大きな値となります.

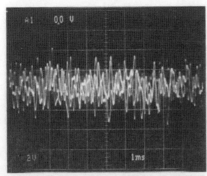

(a)上限周波数5 kHz(−3dB)1 V$_{rms}$の熱雑音を1 ms/divで観測

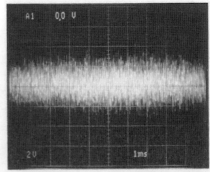

(b)上限周波数100 kHz(−3dB)1 V$_{rms}$の熱雑音を1 ms/divで観測

〈**写真1-1**〉熱雑音の測定

〈図 1-7〉熱雑音の振幅確率密度…ガウス分布になっている

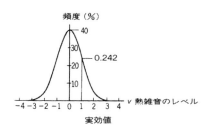

〈表 1-1〉熱雑音の振幅頻度と波高率

| 頻度 (%) | 波高率 (peak/rms) |
|---|---|
| 1.0 | 2.6 |
| 0.1 | 3.3 |
| 0.01 | 3.9 |
| 0.001 | 4.4 |
| 0.0001 | 4.9 |

● 雑音を表す単位…V $/\sqrt{\text{Hz}}$ （雑音密度）

先の(1)式から，熱雑音のように周波数特性が平坦な雑音（白はすべての色の成分を均一に含むことからホワイト・ノイズと呼ばれる）では，その発生量が周波数帯域の平方根に比例することになります．このことから雑音の大きさを表す単位には，しばしば雑音密度としてV $/\sqrt{\text{Hz}}$（雑音電流の場合はA $/\sqrt{\text{Hz}}$）が使用されます．これは 1 Hz 帯域で発生する雑音量を規定すれば，使用したい任意の周波数帯域の雑音量を計算から求めることができるからです．

また異なった周波数帯域，異なった利得をもったアンプでも，入力換算の雑音密度で比較すれば雑音特性の優劣を比較することができます．

このようなことから，OP アンプの雑音特性も入力換算雑音電圧密度として規定されています．例えば入力換算雑音電圧密度が5 nV/√Hzの OP アンプを，利得 100 倍，周波数帯域 30 kHz で使用すると，出力に現れる雑音 $v_{on}$ は，

$$v_{on} = 5\ \text{nV} \times 100 \times \sqrt{30\ \text{kHz}}$$
$$= 86.6\ \mu\text{V}_{\text{rms}}$$

となります（実際には OP アンプから発生する雑音は熱雑音だけではないので若干異なる）．

そして，この $v_{on}$ をオシロスコープなどで観測すると，そのピーク値 $v_{onp}$ は，

$$v_{onp} = 86.6\ \mu\text{V}_{\text{rms}} \times 3$$
$$= 260\ \mu\text{V}_{\text{0-P}} = 0.52\ \text{mV}_{\text{P-P}}$$

となります．

なお雑音電圧を計算するとき単に周波数帯域幅として説明してきましたが，増幅器の振幅‒周波数特性の下限/上限での利得の減衰傾度はさまざまです．たんに 3 dB 低下する周

波数を規定したのでは不正確になり，減衰傾度により補正する必要があります．これを等価雑音帯域幅といい，**図1-8** のように示されます．

〈**図1-8**〉**等価雑音帯域幅と雑音帯域幅係数**

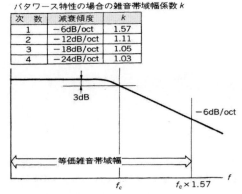

バタワース特性の場合の雑音帯域幅係数 *k*

| 次　数 | 減衰傾度 | k |
|---|---|---|
| 1 | −6dB/oct | 1.57 |
| 2 | −12dB/oct | 1.11 |
| 3 | −18dB/oct | 1.05 |
| 4 | −24dB/oct | 1.03 |

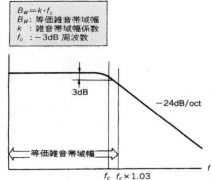

$B_w = k \cdot f_c$
$B_w$：等価雑音帯域幅
$k$：雑音帯域幅係数
$f_c$：−3dB 周波数

## 1.3　OPアンプ回路で発生する雑音

### ● 非反転増幅回路で発生する雑音

　雑音の基本的な考え方を説明してきましたが，ではOPアンプで発生する雑音はどうかというと，**図1-9** に示すような入力換算雑音電圧と入力雑音電流の二つがあります．低雑音OPアンプのデータシートには，必ずこの二つが記載されています．**表1-2** に代表的な低雑音OPアンプのデータを示します．

　これら二つの雑音から，OPアンプを用いた非反転増幅回路では**図1-9** に示したように五つの雑音発生要因が加算されたものであることがわかります．

　①は信号源抵抗 $R_S$ から発生する熱雑音です．しかし，この雑音は設計者が左右できるものではなく，あきらめるしかありません．ただし，設計者にはセンサを選ぶ自由は残されていることがあります．$R_S$ が小さく，出力電圧の大きなセンサ（正確にはセンサ出力電圧と $R_S$ で発生する熱雑音の比が大きいセンサ）ほど高い S/N を実現することができます．

　②は利得を決定する抵抗の合成値（$R_{f1} /\!/ R_{f2}$）から発生する熱雑音です．$R_{f1} \ll R_{f2}$ なので $R_{f1}$ の値が熱雑音を決定します．したがって，$R_{f1}$ が小さいほど雑音が小さくなりますが，あまり小さすぎるとプリント・パターンの銅薄の抵抗値が無視できなくなって，周囲の温

〈図 1-9〉
非反転増幅回路で発生する雑音

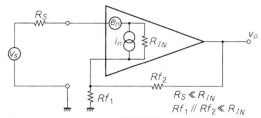

① $R_S$ で発生する熱雑音 $= \sqrt{4\,k\,T\,R_S}$
② $Rf_1 /\!/ Rf_2$ で発生する熱雑音 $= \sqrt{4\,k\,T\,(Rf_1 /\!/ Rf_2)}$
③ 入力換算雑音電圧：$e_n$，入力雑音電流：$i_n$
④ 入力換算雑音電流と信号源抵抗による雑音 $= i_n \times R_S$
⑤ 入力換算雑音電流と帰還抵抗による雑音 $= i_n \times (Rf_1 /\!/ Rf_2)$

〈表 1-2〉主な低雑音 OP アンプ

| 型名 | 入力形式 | $GBW$ 〔MHz〕 | $v_a$ (at 1kHz) 〔nV〕 | $i_n$ (at 1kHz) | メーカ |
|---|---|---|---|---|---|
| NJM5534 | Tr | 10 | 3.3 | 0.4 pA | JRC |
| μ PC816 | Tr | 25 | 2.7 | 0.4 pA | NEC |
| LT1028 | Tr | 75 | 0.9 | 1 pA | リニアテクノロジー |
| AD797 | Tr | 110 | 0.9 | 2 pA | AD |
| LF356 | FET | 5 | 19 | 10 fA | NS |
| OPA111BM | FET | 2 | 7 | 0.4 fA | BB |
| OPA101BM | FET | 20 | 8 | 1.4 fA | BB |
| AD743K | FET | 4.5 | 3.2 | 6.9 fA | AD |
| AD745K | FET | 20 | 3.2 | 6.9 fA | AD |

JRC：新日本無線
AD：アナログ・デバイセズ
BB：バー・ブラウン
NS：ナショナル・セミコンダクター

度変化で銅箔パターンの抵抗値が変化し，利得-温度特性を悪化させます．

　また抵抗値があまりに低いと，パターンのインダクタンスも無視できなくなり，周波数特性に影響を与えます．

　さらに $R_{f2}$ は OP アンプの負荷となります．これもあまり小さくできません（数 kΩ 以上が望ましい）．したがって，③で発生する雑音に比べて影響がない程度の雑音発生量（1/3 以下）になるような値を選びます．

　③は OP アンプ内部で発生する雑音を，入力換算雑音電圧で表したものです．当然 OP アンプの種類によって異なりますが，バイポーラ（トランジスタ）入力の OP アンプにこの雑音の少ないものが多くなっています．この雑音は後に説明するように，使用周波数範囲の下限と上限で増大する性質があります．使用する周波数での値が重要です．

④は OP アンプの入力から流れ出る雑音電流 $i_n$ が信号源抵抗 $R_S$ を流れ，雑音電圧となって入力部に加わるものです．

⑤は同じく OP アンプの入力から流れ出る雑音電流 $i_n$ が，利得を決定する抵抗 $R_{f1}$ と $R_{f2}$ を流れ，雑音電圧となって入力部に加わるものです．

ここで④と⑤の入力雑音電流 $i_n$ は，バイポーラ OP アンプに比べて FET 入力 OP アンプのほうが圧倒的に少なくなっています．入力雑音電流も入力換算雑音電圧と同様に周波数によって値が変化します．

## ● バイポーラ OP アンプか FET 入力 OP アンプか

図1-9 に示した五つの雑音は互いに無相関です．そのため自乗の和の平方根が合成された振幅値となります．したがって，五つの雑音の中でいちばん大きな値に対して 1/3 以下の数値となる項目は，影響が 10 ％以下となって無視できるようになります．

信号源抵抗 $R_S$ が数 kΩ 以下と低い場合は，②，③の雑音が支配的になりますから，低雑音のバイポーラ入力 OP アンプを使用します．逆に $R_S$ が数十 kΩ 以上と高い場合は④の雑音が支配的になるので，FET 入力 OP アンプを使用することになります．

以上のように，低雑音の OP アンプさえ使えば低雑音プリアンプができるということではありません．最適な回路構成，最適な回路定数を求めることによって低雑音特性が実現でき，出力に現れる雑音の値も計算からおよそ求めることができます．

例えば代表的な低雑音 OP アンプ AD797 を使用して，信号源抵抗 $R_S$=100 Ω，利得 1000 倍の低雑音プリアンプを設計すると，$R_{f1}$=50 Ω，$R_{f2}$=49.95 kΩ として，出力雑音を計算すると，高域の減衰傾度を 6 dB/oct とすれば，

$$等価雑音帯域幅 = (GBW \div 利得) \times 雑音帯域幅係数$$
$$= (110\,\mathrm{MHz} \div 1000) \times 1.57 = 173\,\mathrm{kHz}$$

（$GBW$ については後に説明）

$$出力雑音 = \sqrt{(1.29\,\mathrm{nV})^2 + (0.91\,\mathrm{nV})^2 + (0.9\,\mathrm{nV})^2 + (0.2\,\mathrm{nV})^2 + (0.1\,\mathrm{nV})^2} \times 1000 \times \sqrt{173\,\mathrm{kHz}}$$
$$= 1.82\,\mathrm{nV} \times 1000 \times \sqrt{173\,\mathrm{kHz}}$$
$$= 757\ \mu\mathrm{V_{rms}}$$

となります．$R_{f1}$ と $R_{f2}$ から発生する熱雑音が若干気になるので，少し無理して $R_{f1}$=10 Ω，$R_{f2}$=9.99 kΩ とすると，

$$出力雑音 = \sqrt{(1.29\,\mathrm{nV})^2 + (0.41\,\mathrm{nV})^2 + (0.9\,\mathrm{nV})^2 + (0.2\,\mathrm{nV})^2 + (0.1\,\mathrm{nV})^2} \times 1000 \times \sqrt{173\,\mathrm{kHz}}$$

$$=1.64\,\text{nV} \times 1000 \times \sqrt{173\,\text{kHz}}$$

$$=682\,\mu\text{V}_{\text{rms}}$$

とわずかに出力雑音が下がります．いずれをとるかは設計者の判断となります．

　上記の場合には，もう信号源の抵抗 $R_s$ : 100 Ωから発生する熱雑音が支配的になっています．もっと低雑音にしようと思ったら，信号源抵抗を下げる，すなわちもっと低インピーダンスのセンサを見つける以外にはありません．

　なお，上記の計算は AD797 から発生する雑音をホワイト・ノイズと仮定しましたが，実際には次に説明するように雑音密度に周波数特性があるので，出力雑音は若干異なってきます．

### ● OP アンプの発生雑音には三つの領域がある

　熱雑音は周波数特性が平坦ですが，OP アンプなどの半導体から発生する入力換算雑音電圧や入力電流雑音は周波数特性が平坦ではなく，一般には**図 1-10** のような周波数特性になっています．

　A の領域は $1/f$ 雑音またはフリッカ雑音と呼ばれ，周波数が低くなるほどその値は大きくなります．なおこの雑音は振幅が周波数に逆比例するため $1/f$ 雑音と呼ばれますが，その挙動が人間の感覚に心地よいといわれ，$1/f$ ゆらぎとして研究され，一部の扇風機などの家電製品にも応用されています．

　B の領域は周波数特性が平坦で，ホワイト・ノイズ（白色雑音）あるいはショット雑音と呼ばれています．

　C の領域は分配雑音と呼ばれ，周波数が高くなるにつれ雑音が多くなっています．

　したがって，実際の増幅器でも周波数によって入力換算雑音電圧や入力雑音電流が異な

〈図 1-10〉
OP アンプの発生する雑音…一般的なもの

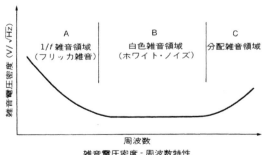

雑音電圧密度 - 周波数特性

ることになります．このため低雑音用 OP アンプでは 100Hz，1kHz，10kHz と周波数別に雑音密度が規定されています．**図1-11** に代表的なバイポーラ OP アンプの入力換算雑音電圧密度–周波数特性を示します．

OP アンプ・メーカの雑音電圧密度のデータはきれいなカーブで発表されていますが，実際のデータでは 100Hz 以下になると測定対象が雑音だけに，どこをとったらよいか迷うほどふらついたものとなっています（第2章で実際のデータを示す）．あくまで平均的なデータと考える必要があります．

一般に B のホワイト・ノイズが使用周波数のほとんどを占めていますが，高周波領域では帯域が広くなるので，雑音密度はトータルの雑音電圧に大きな影響を与えます．したがって低雑音プリアンプで周波数特性をむやみに広くとることは，雑音増加の原因となります．場合によってはローパス・フィルタを挿入して，必要最低限の周波数帯域に制限する必要もあります．

なお，直流電圧計測用などの周波数特性が 1kHz 以下の増幅器では，A の領域の 1/f 雑音が無視できないものとなりますから，この値の小さい OP アンプを選択します．OP アンプによっては 0.1Hz ～ 10Hz に帯域制限したサンプル出力波形が記載されたものもあります（OP07，LT1028，AD797 など）．

### ● 増幅器のノイズ評価にはノイズ・フィギュア NF を使う

増幅器の雑音評価によく用いられる規格に，ノイズ・フィギュア NF（Noise Figrue …雑音指数）と呼ばれるものがあります．これは増幅器の入力信号における S/N と出力信号における S/N を次の式で表したものです．

〈図1-11〉
バイポーラ OP アンプの入力換算雑音電圧密度-周波数特性…代表的なもの

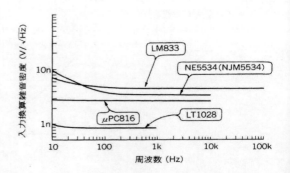

$$NF(\mathrm{dB}) = 20 \times \log \left[(S_i / N_i) / (S_o / N_o)\right] \quad \cdots\cdots\cdots\cdots\cdots\cdots\cdots\cdots\cdots(3)$$

| | |
|---|---|
| $S_i$：入力信号の振幅 | $S_o$：増幅器の出力振幅 |
| $N_i$：入力信号の雑音 | $N_o$：増幅器の出力雑音 |

入力信号の雑音は信号源抵抗による熱雑音ですから，増幅器の $NF$ は信号源の熱雑音と，その信号源が加わったときの増幅器の入力換算雑音の比ということになります．実際の計算は，第2章で製作するプリアンプのデータによって説明します．

したがって，使用する信号源抵抗 $R_S$ での増幅器の $NF$ の仕様が明確になっていると，増幅器から出力される雑音電圧が計算できます．

例えば $R_S$ が1kΩでノイズ・フィギュア $NF$=3dB とすると，入力換算雑音電圧 $V_{ni}$ は，

$$V_{ni} = \sqrt{4k \times 300\,\mathrm{K} \times 1\,\mathrm{k\Omega}} \times 10^{3/20}$$
$$= 5.8\,\mathrm{nV}/\sqrt{\mathrm{Hz}}$$

そして増幅器の利得が1000倍，等価雑音帯域幅が100kHz とすると増幅器から出力される雑音電圧 $V_{no}$ は，

$$V_{no} = 5.8\,\mathrm{nV}/\sqrt{\mathrm{Hz}} \times \sqrt{100\,\mathrm{kHz}} \times 1000$$
$$= 1.83\,\mathrm{mV_{rms}}$$

ということになります．

● **ノイズ・フィギュア NF の意味するところ**

ノイズ・フィギュアの値には注意が必要です．**図1-12** に示すように，$R_S$=1kΩのときの $NF$ よりも $R_S$=10kΩのときの $NF$ のほうが小さいからといって，$R_S$=10kΩのときのほう

〈図1-12〉増幅器のノイズ・フィギュア… NF

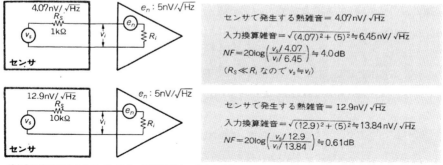

（説明を簡単にするため $R_S \ll R_i$，電流雑音 $i_n$=0 とした）

が増幅器の出力雑音が少ないということではありません. $R_S$ が 1 kΩ から 10 kΩ になった
ので基準となる雑音が大きくなり, 増幅器内部で発生する雑音との比が小さくなっただけ
ということで, 当然 $R_S$=10 kΩ のほうが出力雑音は多くなります.

したがって $R_S$=10 kΩ のほうの NF が良いからといって, 信号源に 10 kΩ の抵抗を直列
に接続するなどもってのほかということになります.

増幅器の出力雑音は, 入力ショートの状態がいちばん小さくなります. しかし, ショー
ト状態では NF の計算の基準···熱雑音がゼロになりますから, どんな素晴らしい増幅器
でもごくわずかの雑音は発生するので, NF は無限大となるのです.

では, こんなにややこしい NF に何の意味があるのかということになりますが, NF は
任意の出力抵抗をもった信号源に増幅器を接続したとき, その増幅器がどの程度理想に近
づいたかを示すもので, あとどのくらい増幅器での改善の余地が残っているかを示してい
るのです.

したがって NF が 1 dB とすると, 理想アンプに比べて 1.122 倍の雑音電圧となりますか
ら, この増幅器をどんなに改善しても (もっと小さな $R_S$ をもった信号源に替えないかぎ
り), 雑音を低減できる量は 12.2 % しか残っていないことになります.

## 1.4 プリアンプの周波数特性とひずみ特性は

### ● 増幅回路の上限周波数は

増幅器の上限周波数は, 使用する OP アンプの GBW (Gain Bandwidh Product ···ゲイ
ン・バンド幅積) とスルーレート (Slew Rate) と呼ばれるもので決まります.

OP アンプの負帰還をかけないとき (裸の状態という···開ループ時) の利得–周波数特
性 (Open Loop Frequency Response) は図 1-13 のようになっています.

図において中域での特性は 6 dB/oct の傾斜 (周波数が 2 倍になると利得が 1/2 に下が
る, 20 dB/dec も同じ) となっていますので, A 点〜 B 点の領域での利得と周波数の積は
一定となり, これがゲイン・バンド幅積 GBW と呼ばれています. 例えば汎用 OP アンプ
の一つである NJM5534 では, 位相補償なしの GBW は図 1-13 から 30 MHz となります.
C 点では利得と周波数の積は GBW より小さくなります.

このような特性の OP アンプに負帰還をかけて利得を決定すると, 図 1-14 のような周
波数特性になります. したがって OP アンプに負帰還をかけて使用するときの上限周波数
は, 裸の利得–周波数特性の 6 dB/oct 傾斜の範囲内であれば, GBW を使用する利得で割

〈図1-13〉
OPアンプの裸の利得-周
波数特性… NJM5534の例

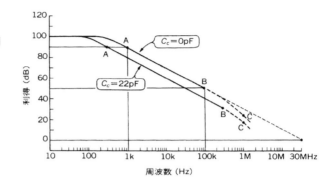

〈図1-14〉
負帰還をかけたときの利得-周波数特性
… NJM5534を $C_c = 0$ pF，利得
1000倍で使用

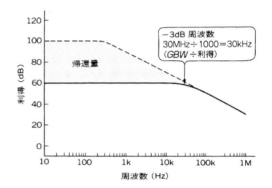

った値で求めることができます.

　例えば，NJM5534で位相補償なしの場合に1000倍（60 dB）の利得に設計すると，上限周波数は30 kHzになります.

　また図1-14のアミの部分が各周波数での帰還量となり，この値が多いほど利得の安定性，直線性（ひずみ率）は改善されることになります.したがって低周波領域のほうはひずみが小さくなり，周波数が高くなるにつれてひずみが大きくなります.

● 振幅が大きいときの周波数特性

　増幅回路の周波数特性はOPアンプのゲイン・バンド幅積 *GBW* だけでなく，出力振幅の影響も検討しなくてはなりません.

　大振幅での振幅-周波数特性を決定するのがスルーレート（Slew Rate）です.図1-15にスルーレートによる出力波形の振舞いを示します.*SR* は出力電圧の変化がある傾き以上

〈図1-15〉
増幅器のスルーレート… *SR*

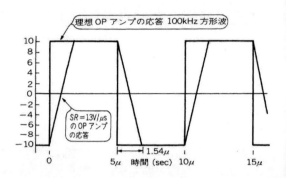

にはならないことを特性として規定したもので，正弦波の最大出力周波数との関係は次式になります．

$$SR \geqq 2\pi \times 周波数 \times V_P \cdots\cdots(4)$$

　　$V_P$：正弦波の 0-peak 値

　例えば正弦波で 100 kHz まで 10 V$_{0-P}$ の振幅を得たいとすると，(4)式から 6.3 V/$\mu$s 以上の *SR* をもつ OP アンプが必要になります．

　なお，*SR* の値はそれぞれの OP アンプで規定されていますが，位相補償を外部で行えるものは補償用コンデンサの値によって *SR* が変化しますから注意が必要です．NJM5534 の場合は，$C_C$=0 pF では 13V/$\mu$s，$C_C$=22 pF では 6V/$\mu$s となります．

　このように OP アンプの上限周波数はゲイン・バンド幅積 *GBW* とスルーレート *SR* で決定され，*GBW* だけ満たしていても *SR* が足りないと高域周波数での最大出力振幅が得られないことになります．

### ● 直線性とひずみ率は

　増幅器の基本特性には雑音，周波数特性以外に大切なものとして直線性とひずみ率があります．どちらも増幅器の利得が，入力電圧によって変動してしまうことから生じます．

　一般に回路全体の利得は可変抵抗などで調整できますが，直線性やひずみ率特性は調整することができません．設計の際に十分な検討が必要です．基本的には帰還量が多いほど，特性は改善されます．

　したがって前述の NJM5534 を使用して 1000 倍の増幅器を設計する場合，OP アンプ1個で 1000 倍の増幅器にするよりも，33 倍ずつ，2個の OP アンプで 1000 倍の増幅器にしたほうが帰還量が多くなり，高い周波数まで低ひずみにすることができ，また当然，振

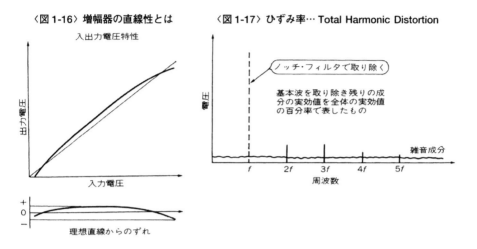

〈図1-16〉増幅器の直線性とは

入出力電圧特性

出力電圧

入力電圧

理想直線からのずれ

〈図1-17〉ひずみ率…Total Harmonic Distortion

電圧

ノッチ・フィルタで取り除く

基本波を取り除き残りの成
分の実効値を全体の実効値
の百分率で表したもの

雑音成分

f　2f　3f　4f　5f
周波数

幅-周波数特性も広帯域になります.

　直線性やひずみ率特性は, 検出した信号を周波数分析する場合などに重要です. 直線性
やひずみ率が悪いと, 入力された信号以外の成分を増幅器内で付加することになってしま
い, 音響機器では音質を左右します.

　直線性は主に直流で規定します. **図1-16**のように利得の理想直線からのずれの最大値
を, 出力フルスケールのp-p値に対する百分率で表したものです. ただし, 一般的なOP
アンプでも直流領域では帰還量が多くかけられるので, 出力がクリップ…飽和しない範囲
では計測がむずかしいほど小さな値になります.

　一方, ひずみ率は交流信号で規定します. **図1-17**のように, 測定のために基本波成分
をノッチ・フィルタ…特定の周波数成分のみを取り除くフィルタで取り去り, 残った高調
波と雑音の実効値を電圧計で計測し, トータル電圧の百分率 (%) で表した *THD* (Total
Harmonic Distortion) で示します.

　ひずみ率については, 第2章の実測データによって詳しく紹介します.

# 第2章

# OPアンプで実現できる最小レベルを確認する…
# 低雑音プリアンプの設計と製作・評価

何事もそうですが，理解を深めるには実験と製作とがもっとも効果的です．回路自体は簡単ですが，低雑音回路となるとOPアンプの選択やら定数の設定，さらに評価技術まで多くのノウハウが必要です．実際の設計・製作によってノウハウをかぎとってください．

## 2.1　プリアンプ設計の実際

### ● 製作するプリアンプのあらまし

では，第1章で述べた設計技術を実践する意味で，低雑音プリアンプを実際に製作・実験してみましょう．目標とする仕様は**表2-1**のとおりです．

**図2-1**が製作するローノイズ・プリアンプの回路構成です．

増幅回路は第1章で説明したように，増幅器内部で発生する雑音に有利な非反転増幅回路とします．使用するOPアンプは，

〈表2-1〉
**製作するプリアンプの仕様**
…**目標値**

| 項目 | 目標仕様 |
|---|---|
| 入力形式 | 不平衡片線接地 BNC コネクタ |
| 入力インピーダンス | $100\,k\Omega$ |
| 入力換算雑音電圧密度 | $5n\,V/\sqrt{Hz}$ 以下　（$100\,Hz \sim 100\,kHz$） |
| ダイナミック・レンジ | $60\,dB$ 以上 |
| 電圧利得 | $60\,dB$ |
| 利得-周波数特性 | $1\,Hz$ (or DC) $\sim 100\,kHz$ |
| 最大出力電圧 | $\pm\,10\,V$ 以上　（正弦波で $7\,V_{rms}$ 以上） |
| 出力インピーダンス | $1\,\Omega$ 以下 |
| 最大出力電流 | $\pm\,10\,mA$ 以上 |
| 電源電圧 | 直流 $\pm\,15\,V$ |

① 低雑音

② 周波数特性が比較的広い

③ 600 Ω負荷が駆動できる

④ 大量に出回っているため価格も安い

という理由で NJM5534 を使用しました．手軽で使いやすい OP アンプです．

　オリジナルはシグネティックス社（現在はフィリップス社に統合された）で，同社のデータシートには豊富な資料が記載されています．実験に使ったのは新日本無線のもので，**表 2-2** に NJM5534 のデータを示します．

　ただし，この NJM5534 はゲイン・バンド幅積 $GBW$ が 10 MHz ～ 30 MHz（外付けコンデンサの値で異なる）なので，増幅回路 1 段では設計仕様の上限周波数 100 kHz，利得 1000 倍が実現できません．OP アンプは 2 段構成にしました（NJM5534 でなくても，1 段だけで巨大な利得を実現するのは無理がある）．

　利得は各段 30 dB ずつの合計 60 dB（1000 倍）としています．したがって**図 2-2** に示すように 100 kHz では $GBW$ が 10 MHz のとき 10 dB の帰還量が，$GBW$ が 30 MHz のときは

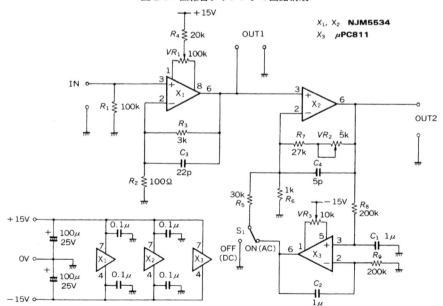

〈図 2-1〉低雑音プリアンプの回路構成

〈表2-2〉
**低雑音 OP アンプ NJM5534 の特性**

(a) 最大定格

| 項 目 | 記 号 | 定 格 |
|---|---|---|
| 電源電圧 | $V^+/V^-$ | ± 22 V |
| 差動入力電圧 | $V_{ID}$ | ± 0.5 V |
| 同相入力電圧 | $V_{IC}$ | $V^+/V^-$(V) |
| 消費電力 | $P_D$ (D タイプ) | 500 mW |
|  | (M タイプ) | 300 mW |

(b) 電気的特性 ($V^+/V^-=±15$ V, $T_a$=25 ℃)

| 項 目 | 記号 | 条 件 | 最小 | 標準 | 最大 | 単位 |
|---|---|---|---|---|---|---|
| 入力オフセット電圧 | $V_{IO}$ | $R_S ≦ 10$ k Ω | − | 0.5 | 4 | mV |
| 入力オフセット電流 | $I_{IO}$ |  | − | 20 | 300 | nA |
| 入力バイアス電流 | $I_B$ |  | − | 500 | 1,500 | nA |
| 入力抵抗 | $R_{IN}$ |  | 30 | 100 | − | kΩ |
| 電圧利得 | $A_V$ | $R_L ≧ 2$ k Ω, $V_O=±10$ V | 88 | 100 | − | dB |
| 最大出力電圧 | $V_{OM}$ | $R_L ≧ 600$ Ω | ± 12 | ± 13 | − | V |
| 同相入力電圧範囲 | $V_{ICM}$ |  | ± 12 | ± 13 | − | V |
| 同相信号除去比 | $CMRR$ | $R_S ≦ 10$ k Ω | 70 | 100 | − | dB |
| 電源電圧除去比 | $SVRR$ | $R_S ≦ 10$ k Ω | 80 | 100 | − | dB |
| 消費電流 | $I_{CC}$ | $R_L = ∞$ | − | 4 | 8 | mA |
| 立ち上がり応答時間 | $t_R$ | $V_{IN}$=50 mV, $R_L$=600 Ω $C_L$=100 pF, $C_C$=22 pF | − | 35 | − | ns |
| オーバーシュート |  |  | − | 17 | − | % |
| スルーレート | $SR$ | $C_C$=0 | − | 13 | − | V/$\mu$s |
| 利得帯域幅積 | $GBW$ | $C_C$=22 pF, $C_L$=100 pF | − | 10 | − | MHz |
| 電力利得帯域幅 | $W_{PC}$ | $V_O$=20 $V_{P-P}$, $C_C$=0 | − | 200 | − | kHz |
| 入力換算雑音電圧 | $V_{NI}$ | $f$=20 Hz ～ 20 kHz | − | 1.0 | − | $\mu$ V$_{rms}$ |
| 入力換算雑音電流 | $I_{NI}$ | $f$=20 Hz ～ 20 kHz | − | 25 | − | pA$_{rms}$ |
| 入力換算雑音電圧 | $e_n$ | $f_0$=30 Hz | − | 5.5 | − | nV/$\sqrt{Hz}$ |
| 入力換算雑音電圧 | $e_n$ | $f_0$=1 kHz | − | **3.3** | − | nV/$\sqrt{Hz}$ |
| 入力換算雑音電流 | $i_n$ | $f_0$=30 Hz | − | 1.5 | − | pA/$\sqrt{Hz}$ |
| 入力換算雑音電流 | $i_n$ | $f_0$=1 kHz | − | 0.4 | − | nV/$\sqrt{Hz}$ |
| 広域雑音指数 | $NF$ | $f$=10 Hz ～ 20 kHz, $R_S$=5 k Ω | − | 0.9 | − | dB |

(注) : 雑音規格については選別Dランクも用意されている. ($R_S$=2.2 kΩ, RIAA, $V_N$=1.4 $\mu$ V以下)

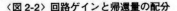

〈図2-2〉回路ゲインと帰還量の配分

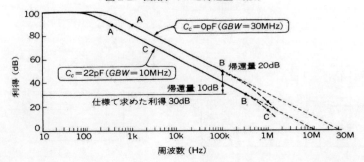

20 dB の帰還量が期待できます.

## ● OP アンプ (NJM5534) の雑音特性

プリアンプなどの雑音特性はほとんど初段で決定されます.

ここでは汎用プリアンプということで,信号源抵抗 (信号源インピーダンス) の値が規定できません.したがって入力をショートしたときの雑音を検討すると,第1章で示した**図1-9** (p.19) から,

① NJM5534 の入力換算雑音

② $R_2$ と $R_3$ の並列合成抵抗で発生する熱雑音

③ NJM5534 の入力雑音電流が $R_2$ と $R_3$ の並列合成抵抗に流れて発生する雑音電圧

の三つの雑音が合成されたものとなります.このとき,

$$R_3 = R_2 \times (利得-1)$$
$$= R_2 \times (10^{30/20}-1) = R_2 \times 30.6$$

ですから,$R_3 > R_2$ で熱雑音を発生する抵抗値はほぼ $R_2$ ということになります.

NJM5534 の入力換算雑音電圧は**表2-2**から,1 kHz で 3.3 nV/√Hz typ です.したがって,$R_2$ で発生する熱雑音はこの値より小さい必要があります.しかし,$R_2$ が小さいと $R_3$ の値も小さくなります.$R_3$ は OP アンプ $X_1$ の負荷でもあるわけですから,あまり小さくなると,$X_1$ の出力電流が大きくなって $X_1$ 自身の発熱やひずみに悪影響を与えます.

以上を考慮して $R_2=100\,\Omega$ としました.したがって $R_3$ は自動的に 3.06 kΩ となりますが,利得の微調整は2段目で行うことにして,ここでは $R_3=3$ kΩ としました.

100 Ω から発生する熱雑音は第1章の(1)式から 1.3 nV/√Hz,入力雑音電流が 100 Ω に流れて発生する雑音は 0.04 nV/√Hz です.ここで三つの雑音を合成すると,

$$V_{ni} = \sqrt{(3.3)^2 + (1.3)^2 + (0.04)^2}$$
$$= 3.5\,nV/√Hz$$

が入力換算雑音 $V_{ni1}$ となり,$X_1$ の入力換算雑音電圧値 3.3 nV/√Hz にあまり影響を与えない値といえます.

これより OP アンプ $X_1$ の出力では雑音 $V_{no1}$ が,

$$V_{no1} = 3.5\,nV/√Hz \times 31.6$$
$$= 111\,nV/√Hz$$

となります.OP アンプ $X_2$ で発生する雑音はこの $V_{no1}$ にくらべて影響が出ない程度に少なくすればよいので,きりの良い値で $R_6=1$ kΩ としました.利得 30 dB (31.6 倍) から

$R_7$=30.6 kΩとなるので，±10％の調整範囲をもたせて**図2-1**の定数としました．

参考までに，低雑音プリアンプの初段として使用できるバイポーラ入力 OP アンプの一例を**表2-3**に示しておきます．

● **オフセット・ドリフトをキャンセルする回路**

OP アンプ $X_3$ は，OP アンプ $X_1$ と $X_2$ の直流オフセット・ドリフトをキャンセルするための積分回路です．スイッチ $S_1$ でこの機能を ON/OFF します．ON のときに AC 増幅用になり，OFF のときには DC 用になります．DC 増幅機能はおまけみたいなものです．

$S_1$ が ON している AC 増幅用のときを考えてみます．直流分のない AC 信号は**図2-3**に示すように，じつは無限に積分すると 0 になる性質をもっています．そこで，$S_1$ が ON している状態の OP アンプ $X_3$（積分器）は，$X_2$ の出力を十分に積分しているので，$X_3$ のやっていることは $X_2$ の直流出力成分を検出していることと同じになります．

したがって，$X_3$ の出力…$X_2$ の直流オフセットをそのまま $X_2$ にフィードバックしてやれば，$X_2$ の直流出力成分が 0 なるように制御することになります．

たとえば OP アンプ $X_2$ の出力に正の直流成分が生じると，$X_3$ の積分器出力に正の直流分が増幅されます．しかし，これが $X_2$ の反転入力に加えられると，$X_2$ の出力を負の方向に制御しますから，直流オフセット分は補償されることになります．

$X_3$ は積分器なので，交流成分（信号成分）については減衰してしまい，$X_3$ の出力には交流成分は現れません．そのため $X_2$ で減衰することはありません．

積分器は直流に対する利得が大きいため，OP アンプ $X_2$ の出力は常に $R_9$ の電位（グラウンド）と同じに制御されることになります．

この回路はオーディオ・メーカの㈱オンキョーが，自社のメイン・アンプの DC ドリフ

〈表2-3〉
バイポーラ・
ローノイズ OP アンプ

| 型 名 | LT1028 | AD797 | μPC815 | μPC816 | NJM5534 | LM833 | 単位 |
|---|---|---|---|---|---|---|---|
| $V_{OS}$ | 20 | 25 | 20 | 20 | 500 | 300 | μV |
| $I_S$ | ± 30 | 250 | ± 10 | ± 10 | 500 | 500 | nA |
| $I_{OS}$ | 18 | 100 | 7 | 7 | 20 | 10 | nA |
| $A_{VOL}$ | 142 | 146 | 146 | 146 | 100 | 110 | dB |
| $GBW$ | 75 | 110 | 7 | 2.5 | 10 | 15 | MHz |
| $SR$ | 15 | 20 | 1.6 | 7.6 | 13 | 7 | V/μs |
| $e_n$ (10 Hz) | 1 | 1.7 | 2.8 | 2.8 | | | nV/$\sqrt{Hz}$ |
| $e_n$ (1 kHz) | 0.9 | 0.9 | 2.7 | 2.7 | **3.3** | 4.5 | nV/$\sqrt{Hz}$ |
| $i_n$ (1 kHz) | 1 | 2 | 0.4 | 0.4 | 0.4 | 0.7 | pA/$\sqrt{Hz}$ |

ト・キャンセル用にこの回路を使い，"スーパーサーボ"という名前で PR したことで有名
になりました.

## ● スーパーサーボの積分定数は

　製作するプリアンプの低域しゃ断周波数は，目標仕様（**表2-1**）からを 1 Hz 以下になる
ようにしなければいけません.このためには積分定数をかなり大きくする必要があります.
しかも，積分コンデンサ $C_1$，$C_2$ は交流信号を扱うために無極性でなければいけませんし，
積分抵抗が数百 kΩ にもなることを考えると，漏れ電流の少ないものが必要になります.
しかも形状の制約も考えなければいけません. すると 1 μ 程度の容量が適切となります.
　**図 2-1** におけるスーパーサーボによる低域の $-3$ dB しゃ断周波数は $(R_7+VR_2)$ を $R_7$,
$C_1=C_2$，$R_8=R_9$ とすると，

$$f_{CL} = \frac{1}{2\pi C_1 R_8} \cdot \frac{R_6 /\!/ R_7}{R_5 + (R_6 /\!/ R_7)} \cdot \frac{(R_5 /\!/ R_6) + R_7}{R_5 /\!/ R_6}$$

さらに $R_5 \gg R_6$，$R_7 \gg R_6$ とすれば，

$$f_{CL} = \frac{1}{2\pi C_1 R_8} \cdot \frac{R_6 + R_7}{R_5 + R_6} = \frac{1}{2\pi C_1 R_8} \cdot \frac{R_7}{R_5} \quad \cdots\cdots\cdots\cdots\cdots\cdots\cdots\cdots\cdots\cdots\cdots(1)$$

### 〈図 2-3〉積分器の働き

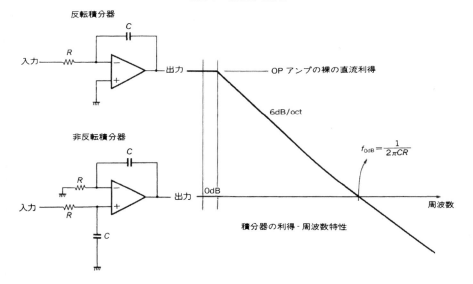

となります.

(1)式から，$R_5$ を大きくすれば低域しゃ断周波数を低くすることができることがわかります．しかし $X_3$ の出力電圧が $R_5$，$R_6$ によって分圧されるため，補正電圧の範囲が分圧されたぶん狭くなって，$R_5$ をむやみに大きくすることはできません．**図2-1** の定数では $X_3$ の出力を最大 ±10 V とすると，オフセット補正最大電圧は ±323 mV となります．

以上の結果から，$R_8$ と $R_9$ の値が 200 kΩ となります．したがって $X_3$ の入力バイアス電流によって $R_8$，$R_9$ の両端に電圧が生じないように，OP アンプ $X_3$ には入力バイアス電流

### 〈表2-4〉FET 入力 OP アンプ μPC811 の特性

(a) 絶対最大定格 $(T_a=25\ ℃)$

| 項　目 | 記　号 | μPC811C | μPC811G2 | 単位 |
|---|---|---|---|---|
| 電源電圧 | $V^+ - V^-$ | \multicolumn{2}{c}{$-0.3 \sim +36$} | V |
| 差動入力電圧 | $V_{ID}$ | \multicolumn{2}{c}{$\pm 30$} | V |
| 入力電圧 | $V_I$ | \multicolumn{2}{c}{$V^- - 0.3 \sim V^+ + 0.3$} | V |
| 出力印加電圧 | $V_O$ | \multicolumn{2}{c}{$V^- - 0.3 \sim V^+ + 0.3$} | V |
| 全損失 | $P_r$ | 350 | 440 | mW |
| 出力短絡時間 | | \multicolumn{2}{c}{無限大} | sec |

(b) 電気的特性 $(T_a=25\ ℃,\ V^+=\pm 15\ V)$

| 項　目 | 記号 | 条　件 | 最小 | 標準 | 最大 | 単位 |
|---|---|---|---|---|---|---|
| 入力オフセット電圧 | $V_{IO}$ | $R_S \geqq 50\ \Omega$ | | 1 | 2.5 | mV |
| 入力オフセット電流 | $I_{IO}$ | | | 25 | 100 | pA |
| 入力バイアス電流 | $I_B$ | | | 50 | 200 | pA |
| 大振幅電圧利得 | $A_v$ | $R_L=2\ k\Omega,\ V_O=\pm 10\ V$ | 25 | 200 | | V/mV |
| 回路電流 | $I_{CC}$ | | | 2.5 | 3.4 | mA |
| 同相信号除去比 | CMRR | | 70 | 100 | | dB |
| 電源変動除去比 | SVRR | | 70 | 100 | | dB |
| 最大出力電圧 | $V_{om}$ | $R_L \geqq 10\ k\Omega$ | $\pm 12$ | $+14.0$ $-13.3$ | | V |
| 最大出力電圧 | $V_{om}$ | $R_L \geqq 2\ k\Omega$ | $\pm 10$ | $+13.5$ $-12.8$ | | V |
| 同相入力電圧範囲 | $V_{ICM}$ | | $\pm 11$ | $+14$ $-12$ | | V |
| スルーレート | | $A_v=1$ | | 15 | | V/μs |
| 入力換算雑音電圧 | $e_n$ | $R_S=100\ \Omega,\ f=1\ kHz$ | | 19 | | nV/√Hz |
| ゼロ・クロス周波数 | | | | 4 | | MHz |
| 入力オフセット電圧 | $V_{IO}$ | $R_S \leqq 50\ \Omega,\ T_a=-20 \sim 70\ ℃$ | | | 5 | mV |
| $V_{IO}$ 温度変化 | $\Delta V_{IO}/\Delta T$ | $T_a=-20 \sim +70\ ℃$ | | 7 | | μV/℃ |
| 入力バイアス電流 | $I_B$ | $T_a=-20 \sim +70\ ℃$ | | | 7 | nA |
| 入力オフセット電流 | $I_{IO}$ | $T_a=-20 \sim +70\ ℃$ | | | 2 | nA |

〈図2-4〉スーパーサーボ回路…反転
　　　　増幅器のとき

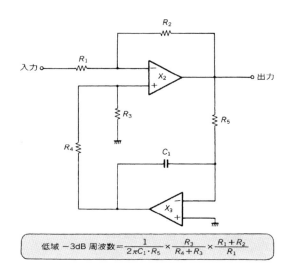

$$低域 -3dB 周波数 = \frac{1}{2\pi C_1 \cdot R_5} \times \frac{R_3}{R_4 + R_3} \times \frac{R_1 + R_2}{R_1}$$

の小さなFET入力のもので比較的温度ドリフトの少ないものが必要となります.

　ここではNJM5534を選んだときと同じく入手性を考えて，$X_3$には$\mu$PC811を使用しました. **表2-4**に$\mu$PC811のデータを示します.

　OPアンプ$X_2$の交流に対する利得$A_{V2}$は，$X_3$の出力が交流的にグラウンド・レベルと考えらるので，

$$A_{V2} = \frac{(R_5 /\!/ R_6) + VR_2}{R_5 /\!/ R_6}$$

となります.

　なお$X_2$が反転増幅器のときは，**図2-4**のようにすることで，$CR$の数を少なくできます.

## 2.2　製作したプリアンプの調整と特性の確認

### ● 直流オフセット電圧とその調整

　回路の調整を行うには，まずは直流オフセット電圧から調整します.

　OPアンプは，入力をショートしても直流電圧を出力します. これを直流オフセット電圧$V_{os}$と呼びます. この直流オフセット電圧$V_{os}$は，外部にボリュームをつけることによって0に調整することができます. **図2-1**の回路では，$VR_1$がそれに相当します.

　また直流オフセット電圧は周囲温度の変化などによっても変化してしまいますが，本器の場合は交流増幅を主目的としているので，スーパーサーボ回路を ON にして，出力の直流電圧を 0 に制御するようにしています．

　さて本器の調整ですが，入力をショートし，$S_1$ を DC 側に倒して $OUT_2$ が 0（0 mV）になるように $VR_1$ を調整します．これで本器を直流アンプとして使用する際の直流オフセット電圧の調整は完了です．

　次にスーパーサーボ回路の直流オフセット電圧の調整ですが，これは $S_1$ を AC 側に倒して $OUT_2$ が 0 になるように $VR_3$ を調整します．ただし，時定数が大きいため応答が遅いので，ボリュームはゆっくり回します．また直流オフセット電圧を 0 にする時の出力電圧の観測は，電圧計よりもオシロスコープのほうが楽に行えます．出力が 0 になれば，これで直流オフセット電圧の調整は終了です．

### ● 利得-周波数特性の確認

　このプリアンプでは，上限周波数を 100 kHz 程度として設計しました．使用した OP ア

**〈図 2-5〉製作したプリアンプの利
　　　　　得/位相-周波数特性①**

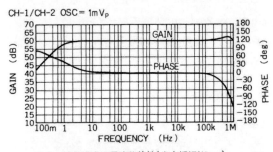

（**a**）　無補償時の周波数特性（出力振幅1V$_{0-P}$）

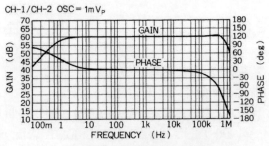

（**b**）　$C_C$＝18pF 時の周波数特性（出力振幅1V$_{0-P}$）

ンプ NJM5534 のデータシートを見ると，利得 3 以上では外部位相補償をしなくても発振
などの不安定な動作はないことになっています．

〈図 2-5〉製作したプリアンプの利
得/位相-周波数特性②

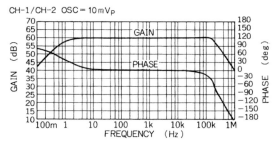

（c） $C_C = 18pF$ 時の周波数特性（出力振幅10$V_{0-P}$）

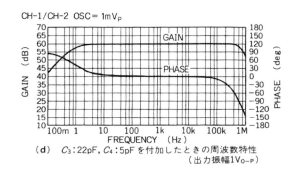

（d） $C_3 : 22pF$, $C_4 : 5pF$ を付加したときの周波数特性
（出力振幅1$V_{0-P}$）

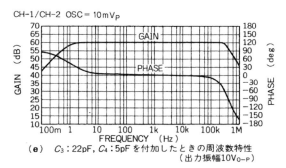

（e） $C_3 : 22pF$, $C_4 : 5pF$ を付加したときの周波数特性
（出力振幅10$V_{0-P}$）

〈図 2-6〉
OP アンプ NJM5534 の外部位相補償

　そこで，はじめは無補償（回路図にある $C_3$，$C_4$ なし）で周波数特性を取ってみました．測定した特性を図 2-5 に示します．確かに発振はありませんでしたが，図(a)のように，650 kHz 付近に 2.5 dB 程度のピークができていました．

　これを改善するべく，データシートにある外部位相補償用コンデンサ $C_C$ を図 2-6 のように 18 pF として $X_1$，$X_2$ に付加し，データをとったのが図(b)と図(c)です．しかし周波数特性のピークは完全には改善されず，スルーレートも落ちてきてしまいました．

　そこで方法を変えて帰還抵抗に並列にコンデンサ $C_3$ と $C_4$ を加えた最終回路（図 2-1）でデータを取ったのが，図(d)と図(e)です．利得–周波数特性はほぼ平坦となり，最大出力振幅も $C_C$ による補償より良くなっています．

　これは，出力位相特性の遅れをコンデンサの付加により進み補正にした効果です．この容量の値は実装状態によって若干変わる可能性がありますが，プリント板を設計し，実装した状態では個々の調整は不要でしょう．

　低域での利得–周波数特性の低下は OP アンプ $X_3$ によるスーパーサーボによるものです．このときの低域カットオフ周波数 $f_{CL}$ は先の(1)式から算出すると 0.796 Hz となり，データと一致していることがわかります．

● **最大出力振幅時の周波数特性を確認すると**

　図 2-1 で使用した OP アンプ NJM5534 のスルーレートは，図 2-5 (c)の特性から補償コンデンサ $C_C$ = 18 pF のときは 150 kHz で 10 $V_{0-P}$ ですから 9.42 V/$\mu$ s のスルーレート，

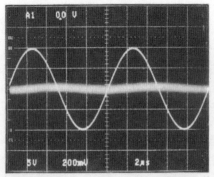
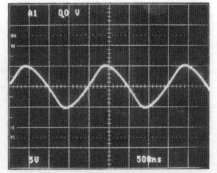

(a) 周波数 100 kHz，10 $V_{0-P}$ のときの波形とひず　　(b) 周波数 500 kHz，10 $V_{0-P}$ のとき…スルーレー
　　み…ひずみも小さい　　　　　　　　　　　　　　　　トの制限を受けている

〈写真 2-1〉正弦波を入力したときの波形

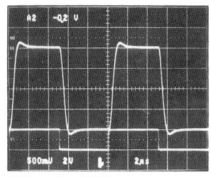 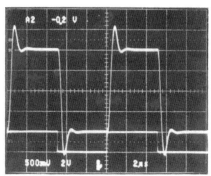

〈写真2-2〉方形波応答…100 kHz，出力2
$V_{\text{P-P}}$ のとき

〈写真2-3〉方形波応答…100 kHz，出力2
$V_{\text{P-P}}$ のとき…無補償のとき

最終回路での値は図(e)から 250 kHz で 10 $V_{\text{0-P}}$ ですから 15.7 V/$\mu$s となります．データシートによる NJM5534 の無補償でのスルーレートは 13 V/$\mu$s ですから，納得できる値となっています．

図 2-5 のデータを見てもわかるように，$GBW$ = ゲイン・バンド幅積よる小信号時の高域での利得-周波数特性の低下〔図(d)〕はなめらかなのに対し，スルーレートによる大振幅時の高域での利得-周波数特性の低下〔図(e)〕は鋭い曲がりになっています．したがって，いずれによる低下なのかはデータのカーブを見れば明確にわかります．

写真 2-1 にきれいな正弦波を入力したときの出力波形を示します．100 kHz・10 $V_{\text{0-P}}$ ではきれいな正弦波〔写真(a)〕で増幅していたものを 500 kHz の周波数に変えたときの出力

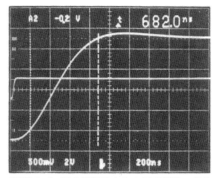 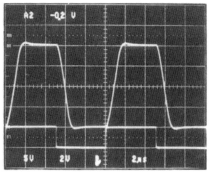

〈写真2-4〉出力波形の立ち上がり特性…出力
2 $V_{\text{P-P}}$ のとき

〈写真2-5〉方形波応答…100 kHz，出力20 $V_{\text{P-P}}$…
スルーレートによる制限を受けている

波形が**写真(b)**で，スルーレートで制限を受けているようすがよくわかります．

## ● 過渡応答特性を観察すると

**写真2-2**は100kHzの方形波入力に対する出力波形です．立ち上がりに若干のピーク
が見られますが，これは高域の減衰特性が6dB/octよりも急なために位相ひずみによっ
て生じているものです．**写真2-3**は補償コンデンサなしのときの波形です．高域に周波
数応答のピークがあるため，大きなリンギングを生じています．

このように方形波応答波形を観測すると，高域での周波数応答を推定できますので，補
償コンデンサの調整は出力の方形波応答を観測しながら行います．

**写真2-4**は立ち上がり特性で，振幅が10％から90％まで推移するまでの時間が682ns
となっています．高域の減衰特性が6dB/octの1次特性のときは，立ち上がり時間から
次の式(2)で−3dBしゃ断周波数$f_{cH}$を計算することができます（**写真2-4**ではよく見えな
いが，この目的のためにオシロスコープでは10％と90％の目盛りがついている）．

$$f_{cH}=0.35／立ち上がり時間 \cdots\cdots\cdots\cdots\cdots\cdots\cdots\cdots\cdots\cdots\cdots\cdots\cdots\cdots\cdots\cdots(2)$$

回路のデータから計算すると−3dBしゃ断周波数$f_{cH}$は513kHzとなり，実測値と若干
異なります．これは減衰特性が6dB/octでないためですが，およその推定には役立ちま
す．

**写真2-5**は同じ100kHz方形波ですが，出力を20V$_{\text{P-P}}$と大振幅にしてあります．その
ためスルーレートで制限されて，立ち上がり時間が遅くなっていることがわかります．

## ● 回路の雑音特性は

**表2-5**が，製作した回路の出力を実効値指示型交流電圧計で計測した値です．周波数
特性や入力の信号源インピーダンスによって，出力雑音の値が異なっているのがわかりま
す．

**表2-5**に示した三つのケースとも利得は同じ60dB（1000倍）ですから，高域にピーク
をもったものは当然雑音が多いという結果になってしまいます．

なお，この**表2-5**では出力雑音の値を直接書いてありますが，利得によって出力雑音

**〈表2-5〉製作したプリアンプの出
力雑音…実測値**

| 信号源抵抗 | 入力ショート | 1 kΩ | 10 kΩ |
|---|---|---|---|
| 補償なし | 7.55 mV$_{rms}$ | 9.9 mV$_{rms}$ | 22.5 mV$_{rms}$ |
| $C_C$=18 pF | 4.6 mV$_{rms}$ | 6.1 mV$_{rms}$ | 14.2 mV$_{rms}$ |
| 最終回路 | 4.4 mV$_{rms}$ | 5.65 mV$_{rms}$ | 12.9 mV$_{rms}$ |

が異なるのは当然で，利得が異なる増幅器では比較できません．雑音は入力換算で表現するのが一般的です．

最終回路での入力ショート時の出力雑音は 4.4 mV$_{rms}$ ですから，入力換算雑音は 4.4 $\mu$V$_{rms}$ となります．

しかし雑音電圧というものは，入力換算にしただけの比較では十分でありません．増幅器の周波数特性が大きく影響します．雑音を評価するには，周波数帯域が非常に重要なパラメータとなります．

製作した回路の周波数特性の上限は 700 kHz になっていますから，それよりも帯域の狭い交流電圧計で計測したのでは意味がありません．今回使用した交流電圧計の上限周波数は 20 MHz となっています．

## ● 入力換算雑音電圧密度を計算で求めてみると

表 2-5 で明らかなように，信号源抵抗の値によって雑音の値が異なりますが，これは OP アンプの入力雑音電流によってその値が増えただけでなく，第 1 章で説明したように，抵抗から発生する熱雑音のため増加したものです．

計測結果から入力換算雑音 $V_{ni}$ を求めると，利得 1000 倍，周波数帯域（700 kHz × 1.11）（データから高域の傾斜を 12 dB/oct とした），出力雑音 4.4 mV$_{rms}$ から，

$$V_{ni} = 4.4 \text{ mV}_{rms} / (1000 \times \sqrt{777 \text{ kHz}})$$
$$= 5 \text{ nV}/\sqrt{\text{Hz}}$$

となります．これは雑音の周波数特性が平坦であることを前提にした計算ですが，高域部分（本器では 100 kHz 以上）が帯域の大部分を占めますから，その特性の影響がいちばん多くなります．

表 2-5 から，等価雑音帯域幅を 777 kHz として，今回製作したアンプの信号源抵抗 1 kΩ における全帯域でのノイズ・フィギュア NF を求めると，

$$NF (1 \text{ k}\Omega) = 20 \times \log(5.65 \ \mu\text{V}/3.59 \ \mu\text{V}) = 3.94 \text{ dB}$$

となり，信号源抵抗 10 kΩ では，

$$NF (10 \text{ k}\Omega) = 20 \times \log(12.9 \ \mu\text{V}/11.3 \ \mu\text{V}) = 1.15 \text{ dB}$$

となります．

ノイズ・フィギュアの数値だけを見ると信号源抵抗は 10 kΩ のときのほうが雑音が少なそうに感じられますが，実際は抵抗から発生する基準の雑音電圧が大きくなって，増幅器で発生する雑音との比が小さくなっただけです．値の絶対値は当然大きくなっています．

〈図2-7〉製作したプリアンプの入力換算雑音電圧密度…ロックイン・アンプで計測

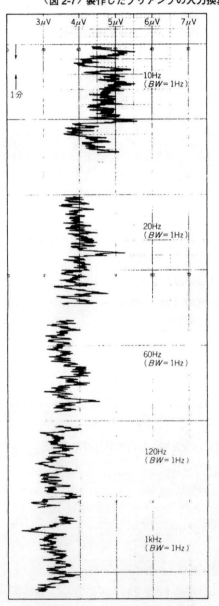

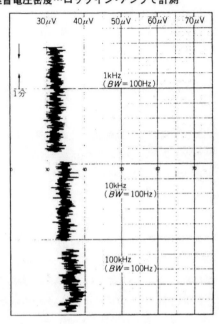

● **入力換算雑音電圧密度の周波数特性を計測する**

増幅器の各周波数での雑音計測を行うためには，専用のフィルタを使用するか，ロックイン・アンプと呼ばれるものを使用しますが，雑音計測機能のついたロックイン・アンプを使用すると，任意の周波数で任意の帯域幅の雑音電圧を計測行うことができます．

**図 2-7** が，製作した回路を雑音計測機能のついたロックイン・アンプで計測し，$Y$-$T$ レコーダに出力したデータです．これからもわかるように，周波数が低く帯域幅も狭い雑音計測は，計測値そのものが雑音でバラついているために，測定に非常な時間がかかります．

入力ショートで周波数をパラメータとした本回路の雑音特性は**図 2-8** のようになります．これでわかるように，1 kHz 〜 10 kHz がいちばん雑音が少なくなっています．

以上のように，ノイズ・フィギュア *NF* は信号源抵抗と周波数の二つのパラメータにより決定されます．そして信号源抵抗が低いと基準の熱雑音が小さくなるためノイズ・フィギュアは悪化し，信号源抵抗が大きくなると入力雑音電流による影響が大きくなることと，信号が入力インピーダンスによって分圧され利得が下がるためノイズ・フィギュアは悪化します．

今回のプリアンプのノイズ・フィギュア *NF* を，信号源抵抗と周波数の二つのパラメータで図示するためには，**図 2-9** のような等価回路を用意して計算します．

入力ショート時の雑音電圧 $e_n$ は計測値〔**図 2-8 (b)**〕から，入力換算雑音電流 $i_n$ は使用した OP アンプ NJM5534 のデータシート〔**図 2-8 (a)**〕から，入力容量は入力ケーブルの容

〈**図 2-8**〉
**製作したプリアンプの雑音特性**

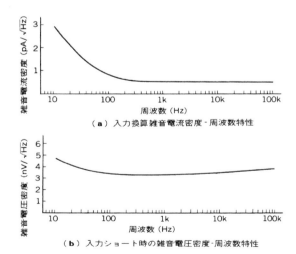

（**a**）入力換算雑音電流密度 - 周波数特性

（**b**）入力ショート時の雑音電圧密度 - 周波数特性

〈図2-9〉ノイズ・フィギュアの求め方

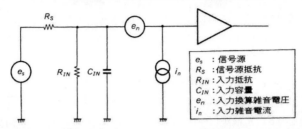

$e_s$ ：信号源
$R_S$ ：信号源抵抗
$R_{IN}$ ：入力抵抗
$C_{IN}$ ：入力容量
$e_n$ ：入力換算雑音電圧
$i_n$ ：入力雑音電流

入力の $S/N = \dfrac{e_s}{R_S\text{の熱雑音}}$

出力の $S/N = \dfrac{e_s \cdot T_f}{\sqrt{R_S /\!/ R_{IN}\text{の熱雑音}^2 + e_n{}^2 + (i_n \cdot R_{ZIN})^2}}$

$\text{ノイズ・フィギュア (dB)} = 20\log\left(\dfrac{\sqrt{R_S /\!/ R_{IN}\text{の熱雑音}^2 + e_n{}^2 + (i_n \cdot R_{ZIN})^2}}{R_S\text{の熱雑音} \cdot T_f}\right)$

$R_S\text{の熱雑音} = \sqrt{4\,kTR_S}$

$R_S /\!/ R_{IN}\text{の熱雑音} = \sqrt{4\,kT\,\dfrac{R_S \cdot R_{IN}}{R_S + R_{IN}}}$

信号源に対する入力伝達関数 $T_f = \dfrac{R_{IN}}{R_S + R_{IN}} \cdot \dfrac{1}{\sqrt{1 + \left(2\,\pi f \cdot C_{IN} \cdot \dfrac{R_S \cdot R_{IN}}{R_S + R_{IN}}\right)^2}}$

増幅器から見た入力部インピーダンス$(R_{ZIN})$の実部 $= \dfrac{\dfrac{R_S \cdot R_{IN}}{R_S + R_{IN}}}{1 + \left(2\,\pi f \cdot C_{IN} \cdot \dfrac{R_S \cdot R_{IN}}{R_S + R_{IN}}\right)^2}$

〈図2-10〉パソコンで求めたノイ
　　　　　 ズ・フィギュア・チャート

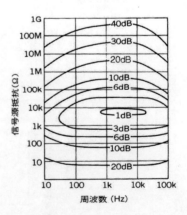

量も考慮し100 pF として計算しました.

　ノイズ・フィギュアの計算結果 (パソコンで行った) を**図2-10**に示します.周波数1
kHz ～ 10 kHz,信号源抵抗7 kΩあたりで1 dB と最小となっています.この範囲では1
dB ですから,原理的に発生する熱雑音の値に対して12 %程度,増幅器の雑音が加わるだ
けとなります.

## ● ひずみ率は

　ひずみ率の測定は**図2-11**に示すように,基本波成分をノッチ・フィルタで取り去り,
残った高調波と雑音の実効値を計測して,トータル電圧の百分率で表した *THD* (Total
Harmonic Distortion) で示します.

　しかし,本回路のような高利得プリアンプの場合は,本来のひずみよりも雑音成分によ
ってこの値が決定されてしまいます.

　回路の出力雑音は**表2-5** (p.40) を見ると4.4 mV$_{rms}$ ですから,出力電圧が7 V$_{rms}$ のとき
のひずみ率は雑音成分だけで,

$$4.4 \text{ mV}/7 \text{ V} = 0.063 \%$$

になります.このように,ひずみよりも雑音成分の多い増幅器をひずみ率計を使って計測
するときには注意が必要です.雑音のところで説明したように,ひずみ率計の周波数特性
によってその値が異なるからです.

　**図2-12**の特性がひずみ率計で計測した結果です.このひずみ率計はオーディオ・アナ
ライザとも呼ばれ,雑音も含めた *THD* のほかに,雑音を取り除いたひずみ成分のみを指
示する機能をもっています.紛らわしいのですが,このひずみ率計では,従来の *THD* を

**〈図2-11〉ひずみ率の測定法**

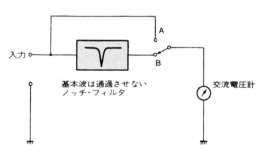

A で入力電圧 ($V_a$) を計測し,B に切り替え基本波を除去した
電圧 ($V_b$) を計測し

$$\frac{V_b}{V_a} \times 100\% \quad \text{でひずみを算出}$$

〈図 2-12〉ひずみ率の測定結果（VP7722A で計測）

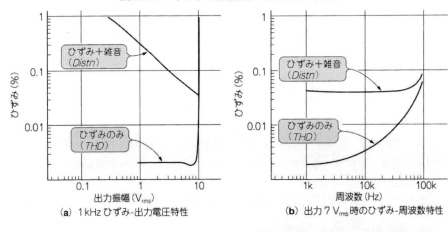

（a）1 kHz ひずみ-出力電圧特性

（b）出力 7 V_rms 時のひずみ-周波数特性

〈写真 2-6〉ひずみ波形の測定…
すべて 1 kHz のとき

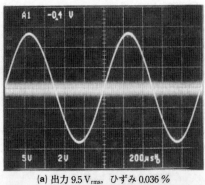

（a）出力 9.5 V_rms，ひずみ 0.036 %

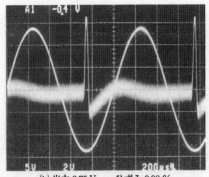

（b）出力 9.75 V_rms，ひずみ 0.08 %

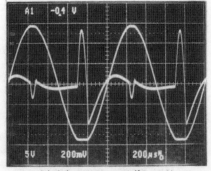

（c）出力 10.25 V_rms，ひずみ 1.7 %

*Distin* と表示し，ひずみ成分のみの値を *THD* としています．

図(a)は 1 kHz でのひずみを縦軸，出力電圧を横軸としています．出力電圧 9.5 $V_{rms}$ まではほとんどひずみは発生しておらず，*Distin* での計測値は雑音により決定されています．また *THD* の計測値も，8 $V_{rms}$ 以下では計測器の限界で正しい値とはいえません．

図(b)は出力電圧を 7 $V_{rms}$ 固定とし，横軸を周波数にしたものです．*THD* での値をみると 10 kHz くらいからひずみが増加してきています．これは低域では帰還量が多くひずみが改善されるのに対し，高域では帰還量が少なくなってひずみが改善されなくなってくるためです．

**写真 2-6** がひずみ波形を撮ったものです．**写真(a)**が出力 9.5 $V_{rms}$ のときで，ひずみは十分に小さい値です．**写真(b)**では出力 9.75 $V_{rms}$ のとき波形の下側がクリップし，**写真(c)**は 10.25 $V_{rms}$ のとき上側の波形もクリップしています．

◆ 第 2 章の参考文献 ◆

(1) HENRY W OTT，『実践ノイズ逓減技法』，ジャテック出版
(2) 大倉郁夫他，『OP アンプの応用回路』，産報出版
(3) 『5080 取扱説明書』，㈱エヌエフ回路設計ブロック
(4) 『M174 取扱説明書』，㈱エヌエフ回路設計ブロック
(5) 『LI575 取扱説明書』，㈱エヌエフ回路設計ブロック
(6) 『VP7722 A 取扱説明書』，松下通信工業㈱
(7) 『各社データブック』，新日本無線，シグネティックス，日本バー・ブラウン，アナログ・デバイセズ，ナショナル・セミコンダクター，NEC，リニアテクノロジー
(8) 遠坂俊昭，「データ・シートによる OP アンプのモデル作り」，『トランジスタ技術』，1994 年 6 月号，pp.326 ～ 338，CQ 出版㈱

# ● コラムA ● 雑音特性を評価するには

音響関係に使用する増幅器の雑音特性を評価するとき，人間の聴感を考慮して決められている周波数特性が様々な規格によって規定されています．これらの規格に従った周波数特性が切り替えられる機能をもった交流電圧計があります．M174B交流電圧計はその一つの例です．**図2-A**にM174Bに内蔵可能な規格の特性の一部を示します．

これら規格にそった周波数特性の交流電圧計で入力換算雑音電圧を計測すると，増幅器の雑音特性が公平に比較できることになります．

また交流電圧計には**図2-B**に示すように，平均値指示のものと実効値指示のものがあ

〈**図2-A**〉交流電圧計M174Bに内蔵できる聴感補正フィルタとその特性例

| 規格および同一規格名 | |
|---|---|
| JIS-C1502A-A | IEC-123-A |
| IEC-179A-A | IEC-651-A |
| DIN-45633-A | IHF-A-202-A |
| EIAJ-MEA-25-A | ANSI-S1.4-A |
| JIS-C1502A-B | IEC-123-B |
| IEC-179A-B | IEC-651-B |
| DIN-45633-B | IHF-A-202-B |
| EIAJ-MEA-25-B | ANSI-S1.4-B |
| JIS-C1502A-C | IEC-123-C |
| IEC-179A-C | IEC-651-C |
| DIN-45633-C | IHF-A-202-C |
| EIAJ-MEA-25-C | ANSI-S1.4-C |
| DIN-45405（NOISE） | |
| DIN-45405（AUDIO） | |
| DIN-45539-A | DIN-45544-A |
| DIN-45539-B | DIN-45544-B |
| JIS-C5514 | JIS-S8602 |
| JIS-C5521 | |
| CCIR-REC-468-4 | CCITT-16 |
| CCIR-98-A | |
| IHF-T-200 | |

(**a**) M174Bに内蔵可能な聴感補正フィルタ

（**b**）IHF/ANS/IEC/DON/JIS-A, B, C型の特性例

（**c**）DIN 45405（AUDIO）の特性例

ります．正弦波（単一周波数しか含まれていない波形）を計測した場合はどちらも同じ指示となりますが，ひずみ波（複数の周波数成分が含まれている波形）を計測した場合は指示が異なります．とくに雑音を計測する場合は，実効値型交流電圧計で計測するのが，より正確な計測になります．

ちなみに，雑音スペクトラムが平坦なホワイト・ノイズを計測した場合は，平均値指示の電圧計は実効値指示の電圧計にくらべて約11%低く指示します．補正して使用しなくてはなりません．

### 〈図 2-B〉交流電圧計二つの形態

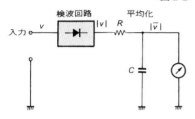

◎ 正弦波入力時の実効値で目盛りを較正
◎ 回路が比較的簡単で済む
◎ 波形により誤差が発生
　　方形波：－11.1%　三角波：＋3.8%
（ａ）平均値応答交流電圧計

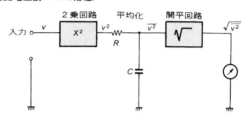

◎ どんな波形でも真の実効値を指示
◎ AC→ 熱→ DC 変換方式の製品もある
◎ ダイナミック・レンジを広く実現するのが困難
◎ TRUE RMS の表示がある
（ｂ）実効値応答交流電圧計

# 第3章

# 光センサやCTと一緒に使う…
# 電流入力アンプの設計

　アンプとは，微小な信号をあるレベルまで増幅するものですが，一般には電圧信号であることがほとんどです．しかし，センサなどによってはまれに電圧ではなくて電流として扱うことがあります．この章では，そのような電流信号の増幅について紹介します．

## 3.1　電流入力アンプのあらまし

### ● 電流入力アンプとは

　センサなどからの微小信号を増幅するプリアンプでは，第2章で紹介したような電圧入力アンプが一般的ですが，中には電流入力アンプが必要になることがあります（**写真3-1**）．
　たとえば光センサであるフォト・ダイオードなどは，微小な出力電流が入力光の強度に

(a) 光センサ

(b) CT（カレント・トランス）

〈写真3-1〉 電流入力アンプを必要とするセンサ

比例します. したがって使用するプリアンプは電流入力であることが必要です.

あるいは, 電力系統で使用する電流センサ CT の出力も電流そのものです.

このようにプリアンプでは, センサの種類に合わせて電圧入力と電流入力の二つのタイプを使い分けします.

**図3-1** は電圧出力タイプのセンサと, 電圧入力プリアンプを接続したときの等価回路です. 電圧出力タイプのセンサでは, 検出電圧 $V_S$ がセンサの出力インピーダンス $Z_S$ とプリアンプの入力インピーダンス $Z_{IN}$ で分圧されます. したがって, センサからプリアンプへ検出電圧を効率よく入力するためには, $Z_S$ に比べて $Z_{IN}$ が十分大きいことが必要になります.

**図3-2** は電流出力タイプのセンサと, 電流入力プリアンプとを接続したときの等価回路です. 電流出力タイプのセンサでは, 検出電流がセンサの出力インピーダンス $Z_S$ とプリアンプの入力インピーダンス $Z_{IN}$ に分流するので, 電圧入力の場合とは逆に, $Z_S$ に比べて $Z_{IN}$ が十分に小さいことが必要となります. そして, 入力された信号電流が変換係数 $r$ (V/A) によって出力電圧に変換されます.

## ● 電流入力プリアンプを実現する二つの回路

電流入力の増幅器を実現する方法には, **図3-3** に示す二つの方法があります. 一つは, **図(a)** のように入力抵抗で電流を電圧に変換してから増幅をする方法. もう一つは負帰還によって入力インピーダンスを下げ, 純粋な電流入力のプリアンプを実現する方法です.

このうち**図(a)** の回路は, 電流そのものを電流-電圧変換抵抗 $R_C$ に流しますから, 信号源から見ると抵抗 $R_C$ が負荷になってしまいます. 信号源から見て, $R_C$ の値が負荷と感じな

〈図3-1〉電圧出力タイプのセンサの接続　　〈図3-2〉電流出力タイプのセンサの接続

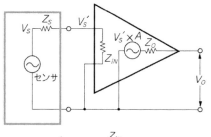
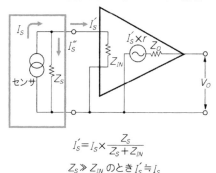

$$V_S' = V_S \times \frac{Z_{IN}}{Z_S + Z_{IN}}$$

$Z_S \ll Z_{IN}$ のとき $V_S' \fallingdotseq V_S$

$$I_S' = I_S \times \frac{Z_S}{Z_S + Z_{IN}}$$

$Z_S \gg Z_{IN}$ のとき $I_S' \fallingdotseq I_S$

### 〈図 3-3〉電流入力プリアンプを実現するには

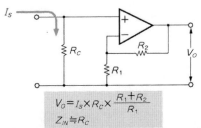

$$V_O = I_S \times R_C \times \frac{R_1 + R_2}{R_1}$$
$$Z_{IN} \fallingdotseq R_C$$

**(a)** 入力抵抗 $R_C$ により電流を電圧に変換して増幅

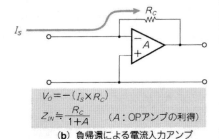

$$V_O = -(I_S \times R_C)$$
$$Z_{IN} \fallingdotseq \frac{R_C}{1 + A} \quad (A : \text{OPアンプの利得})$$

**(b)** 負帰還による電流入力アンプ

いくらいに $R_C$ の値は小さくなければなりません.

　また，図(a)では抵抗 $R_C$ によっていったん電流を電圧に変換してしまいますので，後の回路は第2章で紹介した普通のプリアンプとして考えることができますが，大電流を流すことが多くなりますから，大電流を扱うためのノウハウが必要になります.

　一方，図(b)の方法は，電流-電圧変換抵抗…帰還抵抗 $R_C$ の値が大きくなっても負帰還の効果により入力インピーダンスが十分に低くできるものです. そのため，高感度・低雑音の電流入力プリアンプを実現することができます. 負帰還電流入力プリアンプと呼んでいます.

　ただし，負帰還電流入力プリアンプには解決しておかなければならない項目が多くあります.


### ● ノイズから見た負帰還電流入力プリアンプの効果

　負帰還電流入力プリアンプの効果を具体的な数値で説明したのが**図3-4**です. ここで使用した OP アンプの入力換算雑音電圧と入力換算雑音電流は，低雑音 FET 入力 OP アンプの一般的な値です. **図(b)**のほうがはるかに低雑音となっています.

　光センサなどからの微小電流の検出には**図(b)**の方法が非常に効果的なのですが，使用するには下記の事項に注意する必要があります.

① 検出する最小信号電流に比べて，使用する OP アンプのバイアス電流が十分小さいこと. したがって低雑音の FET 入力 OP アンプを使用する.

② 入力電流がすべて帰還抵抗 $R_C$ に流れるので，入力電流の最大値が使用する OP アンプの出力最大電流を越えないこと.

③ 帰還抵抗 $R_C$ の値が大きくなることが多いため，アンプの入力容量や入力ケーブルの容

〈図 3-4〉1 μA の電流を 1V に変換するとき雑音はどうなるか

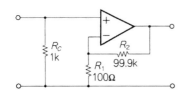

出力雑音 $=\sqrt{(R_C の熱雑音)^2+(R_1//R_2 の熱雑音)^2+e_n^2+(i_n×R_C)^2}×1000$

　　　$≒\sqrt{(4.07nV)^2+(1.29nV)^2+(10nV)^2+(10pV)^2}×1000 ≒10.9μV/\sqrt{Hz}$

（**a**）電圧入力アンプのとき

出力雑音 $=\sqrt{(R_C の熱雑音)^2+e_n^2+(i_n×R_C)^2}$

　　　$=\sqrt{(129nV)^2+(10nV)^2+(10nV)^2}$

　　　$≒130nV/\sqrt{Hz}$

（**b**）電流入力アンプのとき

$e_n$：OPアンプの入力換算雑音電圧：10nV/$\sqrt{Hz}$，
$i_n$：OPアンプの入力換算雑音電流：0.01pA/$\sqrt{Hz}$ とした

量，センサの出力容量などによって負帰還が不安定になる．したがって使用条件を明確にして負帰還の設計をしなくてはならない．

④ 入力インピーダンスが帰還量によって変化する．

⑤ 信号源抵抗の大きさによって帰還量が変化する．

⑥ リーク電流が生じないように実装には十分注意する．

## ● 大電流をモニタする電流入力プリアンプ

　微小電流（mA オーダ以下）では *S/N* の点で負帰還電流入力プリアンプが有利であることを説明しましたが，大電流（A オーダ以上）では *S/N* は問題になりません．よって，入力抵抗による電流-電圧変換プリアンプを使用します．大電流では電流入力プリアンプというよりも，電流モニタ回路といったほうがふさわしくなります．

　電流モニタ回路ですから，検出抵抗での電圧降下はできるだけ低く抑える必要があります．また，この検出抵抗で電力を消費すると，検出抵抗自身が発熱し，抵抗値が変化する恐れがあります．検出抵抗はますます低抵抗であることが要求されます．

　大電流の測定には**図 3-5** に示すように，使用されるリード線の抵抗が問題となってきます．一般にリード線の材質は鉄や銅なので，抵抗値の温度係数が悪くなります．このリード線の影響を防ぐためには，**図 3-6** に示す 4 端子抵抗と呼ぶものを使用します．

　4 端子抵抗は温度係数の低い抵抗体から直接電圧端子を引き出し，電流端子と電圧端子が別々に引き出され 4 端子になっているものです．**図 3-7** に示すように，電圧端子には電流を流さないで使用するので，電圧端子のリード線の抵抗や接触抵抗による電圧降下がなく，電流検出抵抗に生じた電圧のみを検出することができます．ただし，*R* の両端電圧

〈図3-5〉大電流の検出を2端子抵抗で行うと

温度係数の悪いリード線や接触抵抗の影響が加わる

〈図3-7〉大電流の検出には4端子抵抗を使う

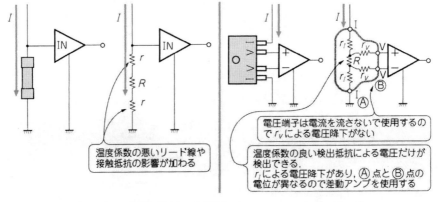

電圧端子は電流を流さないで使用するので $r_v$ による電圧降下がない

温度係数の良い検出抵抗による電圧だけが検出できる.

$r_i$ による電圧降下があり, Ⓐ点とⒷ点の電位が異なるので差動アンプを使用する

〈図3-6〉4端子抵抗の一例〔㈱ピーシーエヌ, ☎:045-473-6441〕

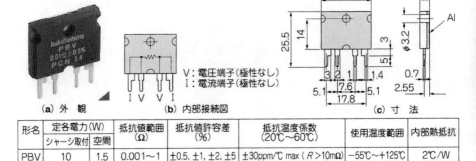

V:電圧端子(極性なし)
I:電流端子(極性なし)

(a) 外 観　(b) 内部接続図　(c) 寸 法

| 形名 | 定名電力(W) | | 抵抗値範囲 (Ω) | 抵抗値許容差 (%) | 抵抗温度係数 (20℃〜60℃) | 使用温度範囲 | 内部熱抵抗 |
|---|---|---|---|---|---|---|---|
| | シャーシ取付 | 空間 | | | | | |
| PBV | 10 | 1.5 | 0.001〜1 | ±0.5, ±1, ±2, ±5 | ±30ppm/℃ max ( $R$ >10mΩ) | −55℃〜+125℃ | 2℃/W |

(d) 電気的特性

のみを検出するためには, プリアンプとして差動アンプを使用することになります.

差動アンプについては第6章で紹介します.

## 3.2 負帰還電流入力プリアンプの設計

### ● 負帰還電流入力プリアンプの *S/N*

　負帰還電流入力プリアンプの *S/N* は帰還抵抗の値によって大きく左右されます. **図3-8** は帰還抵抗の値を1MΩから100kΩに変えた場合の考察です. 帰還抵抗 $R_c$ の値が小さくなったため, 電流-電圧変換利得が小さくなったぶんを次段で増幅して, **図3-4(b)** と同

じ利得にしています.

　図3-4の計算からわかるように,電流-電圧変換利得は帰還抵抗値に比例しますが,帰還抵抗から発生する雑音は抵抗値の平方根に比例します.つまり,帰還抵抗 $R_C$ の値を1/10にすると利得は1/10になりますが,帰還抵抗から発生する熱雑音は $1/\sqrt{10}$ 倍にしかなりません.このため帰還抵抗の値は大きいほうが S/N の点で有利になります.

　図3-4の定数では帰還抵抗から発生する熱雑音が支配的ですが,帰還抵抗値がさらに大きくなると,今度は OP アンプの入力換算雑音電流の値も無視できなくなってきます.

　たとえば入力換算雑音電流の 0.01 pA(rms)の値が帰還抵抗の熱雑音と同じ値になる抵抗値は,

$$R_C \times 0.01\,\text{pA} = \sqrt{4kTR_C}$$

から,$R_C$=165.6 MΩ となります.

　したがって,帰還抵抗の値が 100 MΩ を越えるような場合は,さらに入力換算雑音電流の小さい FET OP アンプを使用すると,より低雑音の電流入力プリアンプを実現できることになります.

　しかし帰還抵抗を大きくすると周波数特性では不利です.わずかの入力容量やセンサの出力容量,さらに帰還抵抗自身に含まれる浮遊容量などによって周波数特性が変化し,不安定になります.帰還抵抗の値は必要とする周波数帯域,S/N の2点から適切な値を選ぶことが大切です.

## ● 負帰還電流入力プリアンプをシミュレーション

　負帰還電流入力プリアンプを使用するときは帰還抵抗の値が大きいため,入力の微小容

〈図3-8〉
帰還抵抗の値を変えると
雑音はどうなるか

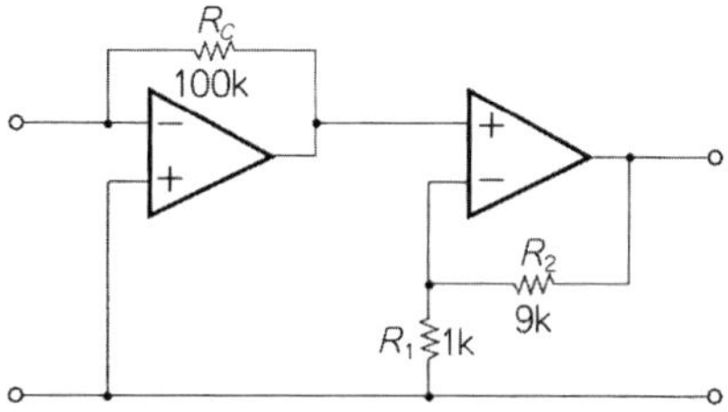

$$出力雑音 = \sqrt{(R_C の熱雑音)^2 + e_n^2 + (i_n \times R_C)^2} \times 10$$
$$= \sqrt{(40.7\text{nV})^2 + (10\text{nV})^2 + (1\text{nV})^2} \times 10$$
$$= 419\,\text{nV}/\sqrt{\text{Hz}}$$

量によって周波数特性が変化します．つまり再現性がたいへん難しいアンプといえます．そこで実際に試作して説明する前に，よく使用されるようになってきたパソコン用回路シミュレータ PSpice で周波数特性のシミュレーションを行ってみます．シミュレータを使うとパラメータを変化させることが簡単に行えます．

**表3-1** がシミュレーションに使用した汎用 FET 入力 OP アンプ LF356 のパラメータで，**表3-2** がシミュレーション・リストです．

**図3-9** が周波数シミュレーションの結果です．これより LF356 の位相遅れに帰還抵抗と入力容量による位相遅れが加わって，高域にピークが生じるのがよくわかります．また帰還抵抗に並列に位相補正用のコンデンサを加えたときの変化のようすもよくわかります．

このようにわずか数 pF の容量変化で周波数特性が大きく影響されますので，実際には浮遊容量を小さくする工夫が重要になります．

**図3-10** は入力インピーダンスの周波数特性です．高域になると帰還量が減るため，入力インピーダンスが高くなっていくようすがわかります．負帰還電流入力プリアンプは概念的にはかなり入力インピーダンスが低くなりそうですが，帰還抵抗の値が大きい（1 MΩ もある）と 1 Hz では 5 Ω ですが，1 kHz では 200 Ω となってしまうのがわかります．

**図3-11** は入力に容量が加わったときの特性です．負帰還電流入力アンプは，入力に容量が加わると周波数特性に大きな変化が生じます．したがって，センサと負帰還電流入力プリアンプの接続にシールド・ケーブルを使用するときには十分な注意が必要です．一般のシールド・ケーブルには約 100 ～ 200 pF/m の容量分があります．できる限り短く，できれば直接プリアンプとセンサを接続することが周波数特性を最良にする実装方法となります．

**図3-12** は入力に抵抗が加わったときの特性です．電流出力センサの出力インピーダンスも実際には十分大きいとは限らないので注意が必要です．電流出力のセンサに信号源抵抗を接続すると，等価的に反転増幅器の回路となります．信号源抵抗の値が小さくなると回路の利得が上がり，OP アンプの入力換算電圧雑音がその分だけ増幅され出力雑音が増加します．また帰還量も減るので周波数特性も悪化します．

● 負帰還電流入力用 OP アンプの選択

負帰還電流入力アンプに使用する OP アンプは，検出する電流に比べて入力バイアス電流と入力換算雑音電流が小さいことが条件となります．したがって，一般には FET 入力 OP アンプが有利となります．

〈表 3-1〉
PSpice シミュレーションに使用した汎用
OP アンプ LF356 のモデル・パラメータ

| 入力抵抗 $R_{IN}$ | $10^{12}$ Ω |
|---|---|
| 入力容量 $C_{IN}$ | 3 pF |
| 直流電圧利得 $A_V$ | 200 V/mV |
| 利得－帯域幅積 $GBW$ | 5 MHz |
| スルーレート $SR$ | 12 V/$\mu$ s |
| 第 2 ポール | 5 MHz |
| 出力抵抗 | 30 Ω |

〈表 3-2〉
PSpice による周波数特
性シミュレーションの
リスト

```
I-AMP Used LF356 C Compensation
*
.AC  DEC  100  1K  1MEG
*
IIN  1  0    AC   1U
*
R1   1  2         1MEG
CCMP 1  2         CMOD 1P
X1   0  1  2      TE356
*
.MODEL CMOD CAP()
.STEP CAP CMOD(C) LIST 0.1 0.3 1 3 10
*
.PROBE V(1) IR(IIN) V(2)
*
*              + - OUT
.SUBCKT TE356  1 2 10
RIN  1  2              1T
CIN  1  2              3P
E1   3  0  1  2  200K     ;GAIN
J1   3  4  4      JNFET
J2   5  4  4      JNFET    ;GBW=5MHz
R1   5  6         76.4MEG  ;POLE1=R1*C1 25Hz
C1   6  0         83.3P    ;SR=1mA/C1 12V/usec
E2   7  0  6  0   1
R2   7  8         1K       ;POLE2=R2*C2 5MHz
C2   8  0         31.8P
E3   9  0  8  0   1
ROUT 9  10        30       ;OUTPUT Z
.ENDS
*
.MODEL JNFET NJF ( BETA=2.5E-4 )
*
.END
```

〈図3-9〉位相補正用コンデンサ $C_c$ の値を変化させたときの利得-周波数特性の変化（PSpice による）

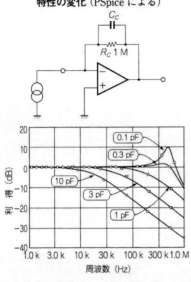

〈図3-10〉電流入力アンプの入力インピーダンス-周波数特性（PSpice による）

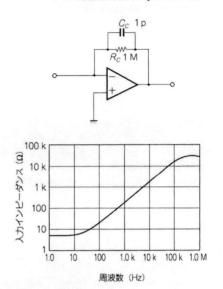

〈図3-11〉回路の入力容量を変化させたときの利得-周波数特性（PSpice による）

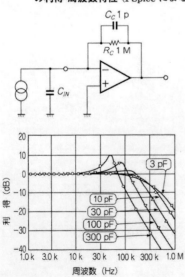

〈図3-12〉入力抵抗 $R_{IN}$ を変化させたときの利得-周波数特性（PSpice による）

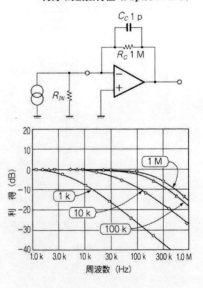

　しかし，FET 入力 OP アンプの入力バイアス電流は温度が 10 ℃上昇するごとに 2 倍に
増加する性質があります．これに対してバイポーラ入力 OP アンプは，逆に温度が上昇す
るとバイアス電流が減少する傾向にあります．図 3-13 に代表的な OP アンプの入力バイ
アス電流-温度特性を示しておきましょう．

　高温で使用する場合は FET 入力だからといって安心せずに，データシートで十分検討
して OP アンプを選択します．周囲温度が低い場合でも，OP アンプから大きな出力電流
を取り出すと自己発熱でチップが高温になってしまいます．大きな出力電流が必要な場合
は，FET 入力 OP アンプの出力段にバッファを設けるなどして，電流-電圧変換 OP アン
プの発熱をできる限り避ける工夫が必要です．

　さらに電流入力アンプは信号源抵抗の値によって帰還量が変化します．入力端子がオー
プンのときは帰還量が 100 ％となりますから，利得 1 のバッファで使用しても発振するこ
とのない位相余裕の大きな安定な OP アンプを使用しなければなりません．

### ● 帰還抵抗…高抵抗の選択

　微小電流の測定となると，負帰還抵抗に高抵抗が必要になりますが，抵抗も 1 MΩ を
越えると特殊なものになります．また，抵抗器そのものに汚れなどが付着すると絶縁抵抗
が劣下するので取り扱いにも注意が必要です．

　以前は高抵抗になるとガラス封入のものが使用されていましたが，現在では図 3-14 に
示すような普通の形状のものが利用できるようになりました．周波数特性の点から容量成
分が小さいことも必要となりますが，一般に形状が大きいほうが容量成分が小さいようで
す．

　雑音特性は当然重要ですが，データシートに雑音特性が記載されているものは見かけま
せん．実際にはいろいろ購入して比較することになります．

〈図 3-13〉代表的な OP アンプの入力バイアス電流-温度特性

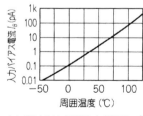

(a) OPA111（FET入力OPアンプ）

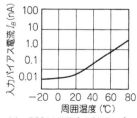

(b) μPC811（FET入力OPアンプ）

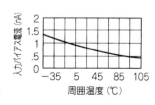

(c) OP07（バイポーラ入力OPアンプ）

## ● プリアンプは実装技術が重要

　微小電流を扱う高感度の電流入力プリアンプでは，扱う電流が微小なために使用する部品にも特別の注意が必要となります．

　最近の OP アンプはプラスチック DIP パッケージあるいは小形 SO パッケージのものが主流ですが，微小電流を扱う OP アンプは実装に有利なメタル CAN タイプ（**写真 3-2**）のものを使用します．CAN タイプのものがもっとも絶縁抵抗が高いからです．また，リーク電流の原因となる汚れなどが付着しないよう注意することも大切です．

　プリント基板も材質によって絶縁抵抗が異なります．紙フェノール系は吸湿性もあるので避けます．当然絶縁抵抗の高い基板材…ガラス・エポキシなどを採用することになります（**コラム B 参照**，p.70）．

　信号の入力部分には**図 3-15** に示すような，吸湿が少なく化学的に安定なテフロン端子

**〈図3-14〉高精度な高抵抗の一例〔日本ヒドラジン工業㈱，☎:0463-21-6218〕**

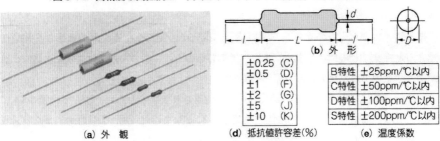

(a) 外　観　　(b) 外　形

| ±0.25 | (C) |
| ±0.5 | (D) |
| ±1 | (F) |
| ±2 | (G) |
| ±5 | (J) |
| ±10 | (K) |

(d) 抵抗値許容差(%)

| B特性 | ±25ppm/℃以内 |
| C特性 | ±50ppm/℃以内 |
| D特性 | ±100ppm/℃以内 |
| S特性 | ±200ppm/℃以内 |

(e) 温度係数

| 型名 | 特性 | 最大温度係数 (ppm/℃) | 抵抗値範囲 最小(MΩ) | 抵抗値範囲 最大(MΩ) | 定格電力 (W) | 最高使用電圧 DC(kV) | 標準波パルス電圧 (kV)* | 寸法(mm) L | D | l | d |
|---|---|---|---|---|---|---|---|---|---|---|---|
| RH½HV | B | ± 25 | 0.1 | 50 | ½ | 1.5 | 3 | 13 | 4.5 | 38 | 0.8 |
| | C | ± 50 | 0.1 | 100 | | | | | | | |
| | D | ±100 | 0.1 | 1000 | | | | | | | |
| | S | ±200 | 0.1 | 5000 | | | | | | | |
| RH1HV | B | ± 25 | 0.1 | 100 | 1 | 2 | 4 | 14.5 | 4.5 | 38 | 0.8 |
| | C | ± 50 | 0.1 | 100 | | | | | | | |
| | D | ±100 | 0.1 | 2000 | | | | | | | |
| | S | ±200 | 0.1 | 10000 | | | | | | | |
| RH2HV | B | ± 25 | 0.1 | 100 | 2 | 5 | 10 | 26.5 | 5.5 | 38 | 1 |
| | C | ± 50 | 0.1 | 500 | | | | | | | |
| | D | ±100 | 0.1 | 2000 | | | | | | | |
| | S | ±200 | 0.1 | 10000 | | | | | | | |

(c) 電気的特性　　　　　＊1.2×50μs

を使用するのがもっとも確実な方法です．実際の使い方は**図3-16**のようになり，周囲を
同電位のガード導体で囲んで電位差をなくして，漏れ電流を極力小さくします．

**図3-11**のシミュレーションでも示した通り，微小な容量の変化で周波数特性が変化し
ますので，部品は振動しないように固定し，しっかりしたケースに組み込みます．あらか
じめ使用するセンサが決定している場合は，センサとプリアンプを一体にして組み込むこ
とができれば，電気的に有利になります．

〈写真3-2〉
**微小電流を扱うにはメタルCANタイプ・**
**パッケージのOPアンプが望ましい**

〈図3-15〉 **高入力インピーダンスを確保するにはテフロン製クローバ端子を使おう**
〔Sealectro社，扶桑商事㈱ ☎: 03-3581-9056〕

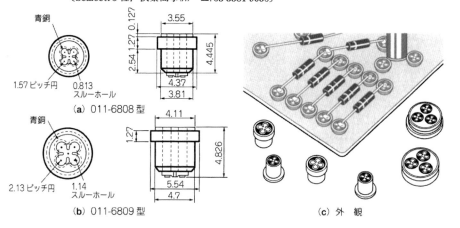

青銅

1.57 ピッチ円　　0.813
スルーホール

(a) 011-6808 型

青銅

2.13 ピッチ円　　1.14
スルーホール

(b) 011-6809 型

3.55
2.54 1.27 0.127
4.445
4.37
3.81

4.11
1.27
4.826
5.54
4.7

(c) 外　観

## 3.3　負帰還電流入力アンプの実際

### ● 試作する電流入力アンプのあらまし

　では，実際に微小電流を扱う電流アンプを製作してみることにしましょう．ここではシミュレーションで使用した，比較的ロー・ノイズで価格も手ごろな CAN タイプ OP アンプの LF356 H を使用して，下記の仕様で試作します．

  ● 電流-電圧変換利得 …1 V/ μ A

〈図 3-16〉テフロン・クローバ端子の使い方

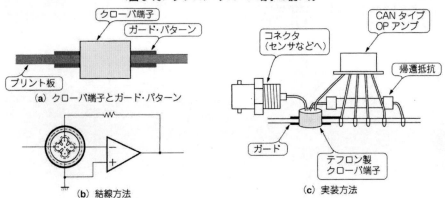

（a）クローバ端子とガード・パターン

（b）結線方法

（c）実装方法

〈図 3-17〉製作した電流入力プリアンプの構成

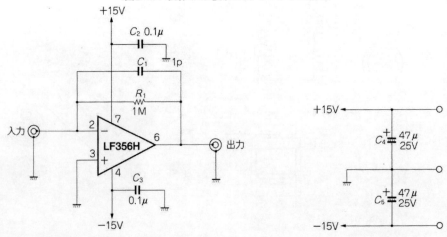

- 振幅-周波数特性 ……100 kHz にて - 3 dB 以内
- 最大入力電流 ……… ± 10 μA
- 最大出力電圧 ……… ± 10 V

回路は**図3-17**に示すように簡単なものです.

なお,実験においては発振器などの計測器の出力インピーダンスは一般に 50 Ω で電圧

**〈図 3-18〉特性測定のための電圧-電流変換回路…微小電流信号源**

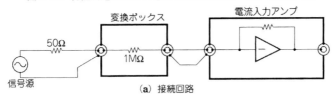

(a) 接続回路

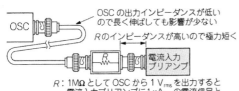

(b) 電圧 - 電流アダプタの使い方

(c) 電圧 - 電流アダプタ. 筐体はコンポーネント・マウンティング・ボックス (ITT Pomona Electronics 社)

**〈図 3-19〉製作した電流入力プリアンプの振幅-周波数/位相特性**

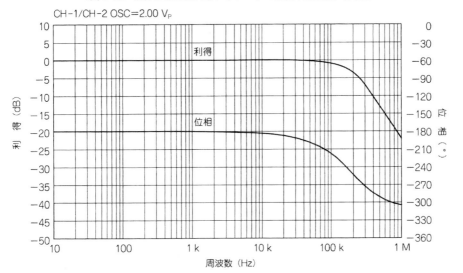

出力になっているので，**図 3-18** に示すように信号源の出力に 1 MΩの抵抗を挿入して，電圧源を電流源に変換しています．ただし，この変換抵抗は高抵抗なので雑音を拾いやすくなります．

このような変換抵抗はシールド・ケースに入れて，電流入力アンプとは BNC プラグで直接接続するようにします．

● **実際の特性を計測すると**

**図 3-19** が製作した回路の振幅・位相-周波数特性です．200 kHz で−3 dB となっており，**図 3-9** に示したシミュレーション結果とほぼ一致しています．

**図 3-20** がひずみ特性です．低い周波数では信号源インピーダンスを 1 MΩ として計測していますので負帰還が十分かかり，電圧利得も少ないので非常に低ひずみとなっています．しかし周波数が高くなっていくと OP アンプの裸利得が下がってくるので帰還量が減

**〈図 3-20〉製作した電流入力アンプのひずみ-周波数特性**

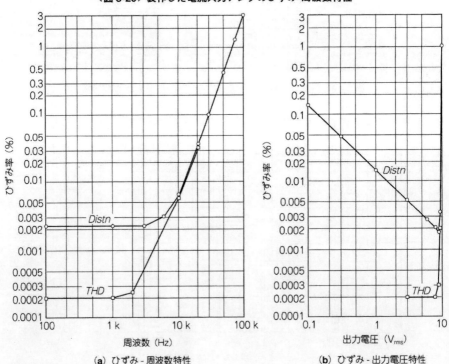

(a) ひずみ - 周波数特性　　(b) ひずみ - 出力電圧特性

って，ひずみ成分が増加しています.

　出力雑音電圧密度はデータとして示してありませんが，入力端子が解放状態で 10 Hz から 100 kHz まで計測したところ，130 nV ～ 150 nV/√Hzでほぼ平坦な周波数特性となっていました．入力換算雑音電流にすると 0.13 pA/√Hz～ 0.15 pA/√Hzとなります．これは**図 3-4** で検討したように，帰還抵抗の 1 MΩから発生する熱雑音が支配的なためです.

　**写真 3-3** は 10 kHz の方形波に対する応答波形です．**写真(a)**が小振幅での応答で，ピークのないきれいな波形となっていますが，**写真(b)**に示すように大振幅… 20 V<sub>P-P</sub>では若干ピークがみられます．このピークは 10 V<sub>P-P</sub> 以上の電圧になると現れてきます.

　**写真 3-4** が立ち上がり波形を拡大したもので，1.9 μs となっています．下記の式にあてはめると −3 dB のしゃ断周波数 $f_{cH}$=184 kHz となり，実測値とほぼ一致することがわかります.

　　$f_{cH}$=0.35/立ち上がり時間

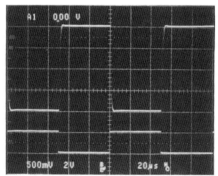

(a)小振幅応答〔10 kHz, 20 μs/div, 上：出力波形 (0.5 V/div)，下：入力波形 (2 V/div)〕

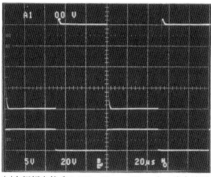

(b)大振幅応答〔10 kHz, 20 μs/div, 上：出力波形 (5 V/div)，下：入力波形 (20 V/div)〕

▲〈写真 3-3〉
**電流入力アンプの方形波応答波形**

▶〈写真 3-4〉
**電流入力アンプの立ち上がり応答波形**
〔1 μs/div, 上：出力波形 (0.5 V/div)，
下：入力波形 (2 V/div)〕

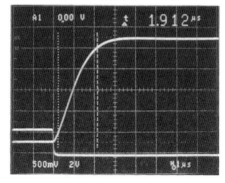

## 3.4　CT で使用する電流入力アンプ

### ● 計測用電流センサ（CT）の特性

　CT（Current Transformer）はその名のとおり，トランスを使用した電流センサです.

　トランスというと電圧を変換するための電圧トランスが一般的ですが，トランスの入出力電流は巻線比に反比例します. したがって図 3-21 のようにトランスを構成すると，1 次電流に比例した 2 次電流を得ることができます. しかも検出される信号は，1 次回路から絶縁されます.

　電圧トランスの場合，2 次側の負荷抵抗が小さく，2 次電流が多く流れると巻線抵抗やリーケージ・インダクタンスによって電圧が低下して，正確な電圧比が得られません.

　逆に CT では 2 次側の負荷抵抗が大きく，大きな電圧が発生すると 2 次電流に比べて励磁電流が大きくなり，正確な電流比が得られません. CT を使用するときは負荷インピーダンスを低くして，2 次側の電圧発生を小さくするほど正確な電流比が得られます.

　また CT の場合，微小電流領域では励磁インダクタンスが低下し，2 次電流に比べて励磁電流の占める割合が多くなります. そのため変換比が低下して，直線性が悪くなります. そこで CT 用コアには初透磁率の良いパーマロイを使用して，微小電流領域での励磁インダクタンスの低下を防ぎ，直線性を改善しています. CT の負荷抵抗値による特性の変化を図 3-22 に示します.

　CT には多くの種類があります. 扱う電流も $\mu$A から kA におよびます. 確度も数%から 0.1%以内という非常に高確度のものまであります. 取り扱いは電流値や求める確度によって最適なものを選ぶ必要があります.

〈図 3-21〉
カレント・トランス
CT の原理

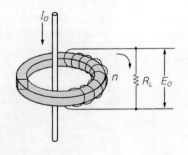

$$E_O = K \frac{I_O \cdot R_L}{n}$$

$E_O$：出力電圧（$V_{rms}$）
$K$：CT の結合係数
　　（K は 0.95〜0.99）
$I_O$：貫通電流（$A_{rms}$）
$R_L$：外付けの負荷抵抗（$\Omega$）
$n$：2 次巻線数（ターン）

## ● CT 用プリアンプの実際

CT の 2 次電流が数 mA 以下のときは，負帰還電流入力プリアンプが最適です．しかし
CT の場合は，直流状態（入力信号が 0 のとき）では巻線抵抗による数十 Ω 以下の低い入
力抵抗になるので，負帰還電流入力プリアンプの利得が非常に高くなって，大きな直流オ

〈図 3-22〉市販の CT の特性例〔㈱ユー・アール・ディー〕

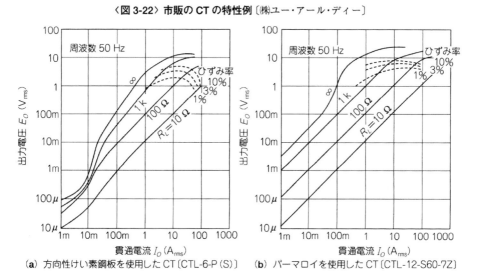

（a）方向性けい素鋼板を使用した CT〔CTL-6-P（S）〕　（b）パーマロイを使用した CT〔CTL-12-S60-7Z〕

〈図 3-23〉
0 〜 1A を測定する
CT 用電流入力アン
プの構成…出力 10
V/A

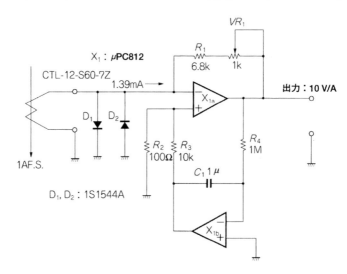

フセット電圧を発生しやすくなります．また，CT ではもともと直流を扱うことができません から，直流利得は不要です．そこで CT を使うときも図 3-23 に示すような，第 2 章 で登場したスーパーサーボ回路を付加すると出力の直流分が 0 に補正され，正確な結果が 得られます．

　また CT を使用する回路では，1 次側に過大な電流が注入されると 2 次側にも比例した 過大な信号が発生し，電流入力プリアンプに使用している OP アンプが破壊されてしまう ことがあります．そのため図 3-23 では，ダイオード $D_1$ と $D_2$ で過大な電圧が OP アンプ に加わることを防いでいます．

　ところが扱う電流が微小な場合は，このダイオードの漏れ電流が誤差となるので注意が 必要です．漏れ電流の小さなダイオードを使用することが大切です．図 3-24 に小信号用

**〈図 3-24〉シリコン・ダイオードの漏れ電流特性**

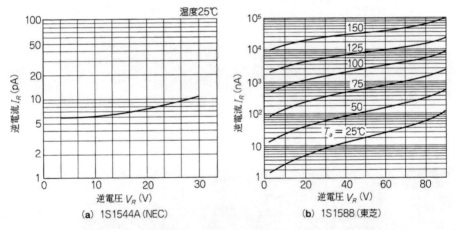

(a) 1S1544A（NEC）　　　(b) 1S1588（東芝）

**〈図 3-25〉CT の 2 次電流が大きいときの電流入力アンプ…出力 0.2 V/A**

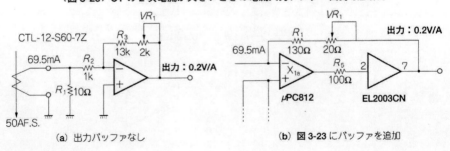

(a) 出力バッファなし　　　(b) 図 3-23 にバッファを追加

ダイオード 1S1544A と 1S1588 の漏れ電流特性を示します.

　なお，接合型 FET をダイオード接続すると漏れ電流を小さくすることができますが，流せる電流が 10 mA 程度なので，過大な信号のとき，保護用 FET が破壊する恐れがあります.

　CT の 2 次電流が OP アンプの出力電流を越える場合は，**図 3-25**(a)の回路が簡単です.しかし，より正確にダイナミック・レンジを確保したい場合は，**図 3-25**(b)のように出力バッファを用いた回路にします.

◆　第 3 章の参考文献　◆

(1)『光半導体素子総合カタログ』，浜松ホトニクス㈱
(2)『電流トランス CT カタログ』，㈱ユー・アール・ディー
(3)『1995 OP アンプ・データブック』，ナショナルセミコンダクター・ジャパン㈱
(4)『1996 プロダクト・データブック』，日本バー・ブラウン㈱
(5)『1995 データブック』，アナログ・デバイセズ㈱
(6)『1994 ダイオード・データブック』，NEC
(7)『1994 ダイオード・データブック』，㈱東芝
(8)『イサプラン汎用シャント抵抗カタログ』，日本ヒドラジン工業㈱
(9)『プリント配線材料データブック』，松下電工㈱
(10)『テフロン製クローバ端子カタログ』，扶桑商事㈱
(11)『PCN RESISTORS '94』，㈱ビーシーエヌ

# ● コラム B ● プリント基板の絶縁性

　微小電流測定のことなどを考えると，プリント基板の絶縁性の重要さがわかります．

　プリント基板の絶縁性は，材料の絶縁抵抗と表面抵抗，体積抵抗率によってそれぞれ規定されています．

① 絶縁抵抗…基板の絶縁性を求めるもので，JIS C6481 に基づき，**図3-A** のような試験片を作り，常態および煮沸処理後の絶縁抵抗を測定しています．

② 表面抵抗…基板の表面電極間の絶縁抵抗のことです．JIS C6481 に基づき，**図3-B** のような試験片を作り，常態および吸湿処理後の表面抵抗を測定しています．

③ 体積抵抗率…基板の体積（厚さ）方向を 1 cm$^3$ の立方体と考え，相対する両面間の電気抵抗を体積抵抗率（Ω・cm）といいます．

　**図3-C** に主な基板材の絶縁抵抗と表面抵抗を示します．参考にしてください．

（＊松下電工（株）のプリント配線材料カタログより）

### 〈図3-C〉* 主な基板材の絶縁抵抗と表面抵抗

■■■常態　□処理後　　　　　　　　　　　　■■■常態　□処理後

| 材料 | (a) 絶縁抵抗 (Ω) | 材料 | (b) 表面抵抗 (Ω) |
|---|---|---|---|
| 低誘電率ポリイミド GPY | | 低誘電率ポリイミド GPY | |
| ポリイミド GPY | | ポリイミド GPY | |
| 変成ポリイミド GPY | | 変成ポリイミド GPY | |
| 高耐熱エポキシ FR-4 | | 高耐熱エポキシ FR-4 | |
| 耐熱向上エポキシ FR-4 | | 耐熱向上エポキシ FR-4 | |
| ガラスエポキシ FR-4 | | ガラスエポキシ FR-4 | |
| ニューセムスリー CEM-3 | | ニューセムスリー CEM-3 | |
| コンポジット CEM-3 | | コンポジット CEM-3 | |
| コンポジット CEM-1 | | コンポジット CEM-1 | |
| 紙エポキシ FR-3 | | 紙エポキシ FR-3 | |
| 紙フェノール FR-2 | | 紙フェノール FR-2 | |
| 紙フェノール FR-1 | | 紙フェノール FR-1 | |
| 紙フェノール XXXPC | | 紙フェノール XXXPC | |
| 紙フェノール XPC | | 紙フェノール XPC | |
| ガラスフッ素樹脂 | | ガラスフッ素樹脂 | |
| ガラス熱硬化 PPO 樹脂 | | ガラス熱硬化 PPO 樹脂 | |
| ガラス熱硬化 PPO 樹脂高εタイプ | | ガラス熱硬化 PPO 樹脂高εタイプ | |

$10^7\ 10^8\ 10^9\ 10^{10}\ 10^{11}\ 10^{12}\ 10^{13}\ 10^{14}\ 10^{15}\ 10^{16}$

(a) 絶縁抵抗 (Ω)　　　　　　　　　　(b) 表面抵抗 (Ω)

### 〈図3-A〉*絶縁抵抗測定のための試験片の形状

基板の絶縁性を求めるものである．銅箔回路を設計するためには基板の絶縁抵抗値が必要である．JIS規格C6481に基づき，図(a)，図(b)のような試験片を作成し常態(C-96/20/65)および煮沸処理(D-2/100) 後の絶縁抵抗 (Ω) を測定する．これを応用し，回路間の抵抗値の測定などを行う．

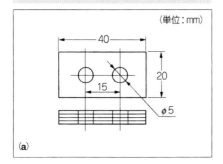

(a)

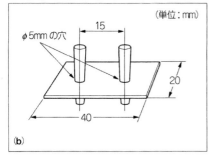

(b)

### 〈図3-B〉*表面抵抗/体積抵抗率測定のための試験片の形状

基板の表面電極間の絶縁抵抗を表面抵抗，基板の体積(厚さ)方向を 1cm³ の立方体と考え，相対する両面間の電気抵抗を体積抵抗率という．JIS規格C6481に基づき，下図のような試験片を作成し，常態(C-96/20/65) および吸湿処理(C-96/40/90) 後の表面抵抗 (Ω)，体積抵抗率 (Ω·cm) を測定する．

$$体積抵抗率 = \frac{体積抵抗 × 電極面積}{板厚} (Ω·cm)$$

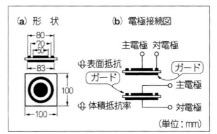

(a) 形　状　　　　(b) 電極接続図

（単位：mm）

片面板の場合，上部電極は銅箔をエッチングして作成し，下部電極は導電性シルバーペイントを印刷して作成する．

# 第4章

# 見えない部分を明らかにする…
# 負帰還回路の解析と回路シミュレーション

　アナログ回路に欠かすことのできない OP アンプですが，OP アンプを使用した回路の
ほとんどが負帰還技術によって形成されているということが，最近はあまり語られていな
いようです．そこで近年の設計傾向にもなってきた回路シミュレーションによって，負帰
還技術と，負帰還技術のポイントともいえる発振させないための技術について紹介してお
きます．

## 4.1　安定な負帰還回路を構成するには

### ● 負帰還回路のあらまし

　ここまでさまざまな増幅器について説明してきましたが，増幅回路の特性向上のためす
べてに共通して使用されているのが負帰還技術…ネガティブ・フィードバックです．
　OP アンプ内部の回路はあらかじめ負帰還を使用することを前提として設計されている
ので，OP アンプ単体で増幅器を設計する場合はとくに負帰還の安定性を意識しなくても，
OP アンプのデータシートどおりに結線すればトラブルが生じることはまずありません．
　しかし，OP アンプとディスクリート部品を組み合わせたり，ディスクリート部品だけ

〈図 4-1〉負帰還回路の基本的な形

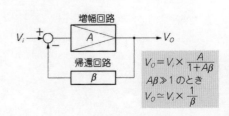

で増幅回路を設計する場合や，PLL 回路，レギュレータなど，複数のモジュールを組み合わせて負帰還を使用する場合は，負帰還技術の基本的な知識がないと，安定した動作は望めません．

図 4-1 が負帰還の基本形です．増幅回路で $A$ 倍（通常はたいへん大きな値）された出力信号は負荷を駆動するとともに帰還回路（$\beta \cdots 1$ より小さい）を通り，入力信号から差し引かれて増幅器の入力となっています．これを式で表すと，

$$(V_i - \beta V_o) \times A = V_o$$

これを $V_o$ について解くと，

$$V_o = V_i \times [A / (1 + A\beta)] \quad \cdots\cdots\cdots\cdots\cdots\cdots\cdots\cdots\cdots\cdots\cdots\cdots\cdots\cdots\cdots\cdots\cdots\cdots\cdots\cdots\cdots (1)$$

このとき $A\beta$ が 1 より十分大きければ（実際は $A$ がたいへん大きな値なので），

$$V_o = V_i \times (A/A\beta) = V_i \times (1/\beta) \quad \cdots\cdots\cdots\cdots\cdots\cdots\cdots\cdots\cdots\cdots\cdots\cdots\cdots\cdots\cdots (2)$$

となって，出力 $V_o$ は $V_i$ の $1/\beta$ 倍となり…つまり回路の特性は帰還回路 $\beta$ によってのみ定まり，$A$ の値に無関係になるというものです．

## ● 負帰還のメリットと予想されるトラブル

　一般に増幅回路の増幅度 $A$ はトランジスタなど能動素子で決定されているため，周囲温度や電源電圧そして負荷などの変動によって特性が変化しやすく，また非線型（ひずみ）な要素も含んでいます．

　これに対して帰還回路 $\beta$ は抵抗などの受動部品で構成されるために特性が安定で，非線型な要素はごくわずかしかありません．したがって負帰還を使用すると，回路の特性は安定な帰還回路 $\beta$ によって決定されることになり，利得は安定に，ひずみは少なく…と，飛躍的に優れた特性になります．

　しかし増幅度 $A$ を十分大きくしたいといっても，無限に高い周波数まで $A$ を十分大きくすることは不可能です．周波数が高くなると必ず増幅度 $A$ は減少します．つまり，$A$ は $j\omega$（$\omega = 2\pi f$）の関数であり，あの癖者の複素数なのです．

　したがって，ある周波数において $A\beta$ が $-1$ になったら先の(1)式の分母はゼロになり，出力電圧が無限大…つまり発振してしまうことになります．これが負帰還回路のトラブルの源です．

## ● 開ループと閉ループそして安定性

　図 4-2 は OP アンプを用いたおなじみの非反転増幅器で，図(a)が基本回路，図(b)が振

〈図4-2〉OP アンプによる非反転増幅器とその利得特性

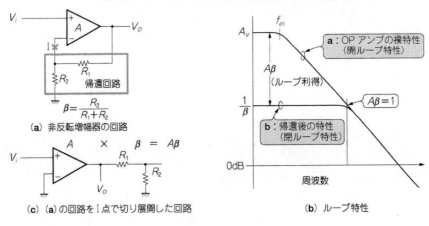

(a) 非反転増幅器の回路

$$\beta = \frac{R_2}{R_1+R_2}$$

(c) (a)の回路をⅠ点で切り展開した回路

(b) ループ特性

幅-周波数特性と呼ばれるものです.

　図(b)において，aのカーブは負帰還をかける前の，OP アンプ単体の特性です．直流領域では $A_V$ の利得がありますが，$f_{p1}$ から 6 dB/oct の傾斜で利得が低下していきます．このような特性を OP アンプの裸特性（開ループ特性，オープン・ループ特性）といいます.

　aの特性をもった増幅器に負帰還がかかると，bの特性となりますが，aの利得が十分大きい周波数…低い周波数のほうでは入出力利得が $1/\beta$ となります．このbの特性を閉ループ特性（クローズド・ループ特性）といいます．このとき例えば図4-2(a)のⅠの点を切り，図(c)のように展開したとき，OP アンプの＋入力に信号を与え，$R_2$ までの，一巡の利得は $A\beta$ に等しいので，$A\beta$ をループ利得といいます.

　開ループにおいて，$A\beta =1$ になる周波数での入出力位相が負帰還安定性を決定するパラメータで，位相が 180°ずれると帰還信号が反転して正帰還となります．これは(1)式における $A\beta = -1$ に相当し，利得が無限大すなわち発振状態になります.

　$A\beta =1$ において，入出力位相を変化させて図4-2 の回路でシミュレーションしたのが図4-3です．$R_1 = 9\,k$，$R_2 = 1\,k$ で $\beta = 1/10$ とし，仕上がり利得を 20 dBとしました．したがって OP アンプの裸利得が 20 dBになったときループ利得が 1 になります.

　三つのシミュレーションとも 100 kHz での裸利得を 20 dB，つまり 100 kHz でループ利得を 1（$A\beta =1$）とし，そのときの位相がそれぞれ 90°，120°，160°となるように OP アンプの裸特性をモデリングしています．Close Gain の特性が負帰還後の仕上がり利得-周波数特性で，位相余裕が小さくなると負帰還後の特性にピークが現れます.

〈図 4-3〉
図 4-2 の回路で $A\beta = 1$ としたと
きの周波数特性シミュレーション
（PSpice による）

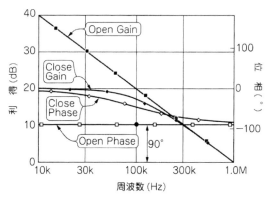

（a）位相余裕 90°のとき

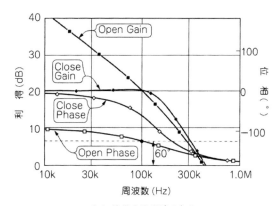

（b）位相余裕 60°のとき

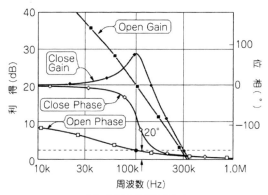

（c）位相余裕 20°のとき

このシミュレーションでわかるように，位相が180°遅れに近づくにつれて利得のピーク値は大きくなり，負帰還が不安定になっていきます．

$A\beta$ =1における位相が180°遅れに対しどれだけ余裕があるかを位相余裕と呼びます．したがって**図4-3**の(a)では位相余裕が90°，**図**(b)では60°，**図**(c)では20°ということになります．なお，この**図4-3**のように利得と位相の周波数特性を同一図面に表した図を，負帰還理論を確立したBodeにちなんでボード線図と呼んでいます．

**図4-4**は位相余裕と負帰還後のピークの関係を表したものです．

### ● 安定な負帰還回路のための位相特性

負帰還においては$A\beta$ =1における位相が重要であることを説明しました．したがって位相特性がどのような条件で決定されるかを理解し，$A\beta$ =1における位相余裕を62.5°以上になるように設計できれば，利得特性にピークのない，安定な負帰還を実現することができます．

しかし*RLC*で構成される回路では，振幅特性と位相特性には直接的な関係があり，振幅，位相のいずれか片方を固定し，もう一方だけを自由に可変するというようなことはできません（ただし分布定数回路や負帰還を用いたオールパス・フィルタは対象外）．

〈図4-4〉**負帰還回路の位相余裕とピーク**

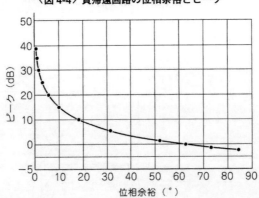

　図4-5は受動素子による高域カットオフ特性となる回路とその位相特性です．カット
オフ周波数では位相が45°遅れ，さらに高域では90°遅れに収束していくのがわかります．
　図4-6は同じく受動素子による低域カットオフ特性となる回路と位相特性です．カッ
トオフ周波数では位相が45°進み，さらに低域では90°進みに収束していきます．

### 〈図4-5〉 高域カットオフ回路とその位相特性

| 構　　成 | $f_c$ | $A$ |
|---|---|---|
| $R$ — $C$ | $\dfrac{1}{2\pi RC}$ | 1 |
| $R_1$ — $C$ — $R_2$ | $\dfrac{1}{2\pi\dfrac{R_1 R_2}{R_1+R_2}\cdot C}$ | $\dfrac{R_2}{R_1+R_2}$ |
| $L$ — $R$ | $\dfrac{R}{2\pi L}$ | 1 |

（a）回路構成と特性

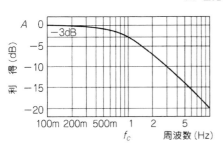
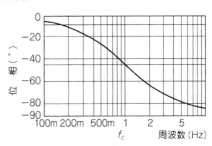

（b）周波数特性および位相特性

〈図4-6〉低域カットオフ回路とその位相特性

| 構　　　成 | $f_c$ | $A$ |
|---|---|---|
| ![C R circuit] | $\dfrac{1}{2\pi RC}$ | 1 |
| ![R1 C R2 circuit] | $\dfrac{1}{2\pi(R_1+R_2)\cdot C}$ | $\dfrac{R_2}{R_1+R_2}$ |
| ![R L circuit] | $\dfrac{R}{2\pi L}$ | 1 |

（a）回路構成と特性

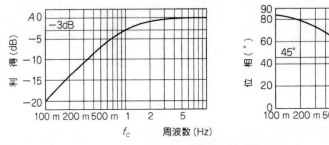
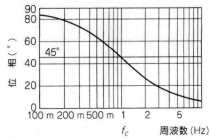

（b）周波数特性および位相特性

　図4-7は高域カットオフ・ステップ特性となる回路と位相特性，図4-8は低域カットオフ・ステップ特性となる回路と位相特性です．振幅特性に傾斜がある領域では位相が変化しますが，平坦特性になるとふたたび0°に戻っていきます．そして傾斜の領域の広さにしたがって位相変化の幅が異なり，当然傾斜の領域が広いほど位相変化は大きくなります．このステップ特性が負帰還で位相補正を行う場合，重要な働きをします．

### 〈図 4-7〉高域カットオフ・ステップ特性とその位相特性

| 構　　成 | $f_1$ | $f_2$ | $A_1$ | $A_2$ |
|---|---|---|---|---|
| $R_1$ — $R_2$ — $C$ | $\dfrac{1}{2\pi(R_1+R_2)\cdot C}$ | $\dfrac{1}{2\pi R_2 C}$ | $1$ | $\dfrac{R_2}{R_1+R_2}$ |
| $R_1$ — $R_2$ — $R_3$ — $C$ | $\dfrac{R_1+R_2+R_3}{2\pi C(R_1+R_2)R_3}$ | $\dfrac{R_2+R_3}{2\pi CR_2R_3}$ | $\dfrac{R_2+R_3}{R_1+R_2+R_3}$ | $\dfrac{R_2}{R_1+R_2}$ |
| $R_1$ — $R_2$ — $R_3$ — $C$ | $\dfrac{1}{2\pi C\left(R_2+\dfrac{R_1R_3}{R_1+R_3}\right)}$ | $\dfrac{1}{2\pi CR_2}$ | $\dfrac{R_3}{R_1+R_3}$ | $\dfrac{\dfrac{R_2R_3}{R_2+R_3}}{R_1+\dfrac{R_2R_3}{R_2+R_3}}$ |
| $R_1$ — $C_1\,C_2$ — $R_2$ ; $C_1R_1 < C_2R_2$ | $\dfrac{R_1+R_2}{2\pi(C_1+C_2)R_1R_2}$ | $\dfrac{1}{2\pi C_1R_1}$ | $\dfrac{R_2}{R_1+R_2}$ | $\dfrac{C_1}{C_1+C_2}$ |
| $R_1$ — $L$ — $R_2$ | $\dfrac{R_1R_2}{2\pi L(R_1+R_2)}$ | $\dfrac{1}{2\pi LR_1}$ | $1$ | $\dfrac{R_2}{R_1+R_2}$ |

（a）回路構成と特性

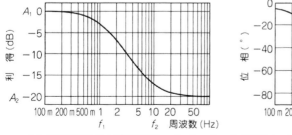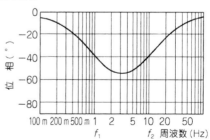

（b）周波数特性および位相特性… $f_1$, $f_2$, $A_1$, $A_2$ の比によって減衰傾度と位相の値は異なる.
　　　この図は $f_1 : f_2 = 1 : 10$ のときの例

### 〈図4-8〉低域カットオフ・ステップ特性とその位相特性

| 構　　成 | $f_1$ | $f_2$ | $A_1$ | $A_2$ |
|---|---|---|---|---|
| （回路図） | $\dfrac{1}{2\pi CR_1}$ | $\dfrac{R_1+R_2}{2\pi CR_1R_2}$ | $\dfrac{R_2}{R_1+R_2}$ | $1$ |
| （回路図） | $\dfrac{1}{2\pi CR_1}$ | $\dfrac{R_1+R_2+R_3}{2\pi CR_1(R_2+R_3)}$ | $\dfrac{R_3}{R_1+R_2+R_3}$ | $\dfrac{R_3}{R_2+R_3}$ |
| （回路図） | $\dfrac{1}{2\pi C(R_1+R_2)}$ | $\dfrac{1}{2\pi C\left(R_1+\dfrac{R_2R_3}{R_2+R_3}\right)}$ | $\dfrac{R_3}{R_2+R_3}$ | $\dfrac{R_3}{\dfrac{R_1R_2}{R_1+R_2}+R_3}$ |
| （回路図）$C_1R_1>C_2R_2$ | $\dfrac{1}{2\pi C_1R_1}$ | $\dfrac{R_1+R_2}{2\pi(C_1+C_2)R_1R_2}$ | $\dfrac{R_2}{R_1+R_2}$ | $\dfrac{C_1}{C_1+C_2}$ |
| （回路図） | $\dfrac{R_2}{2\pi L}$ | $\dfrac{R_1+R_2}{2\pi L}$ | $\dfrac{R_2}{R_1+R_2}$ | $1$ |

（a）回路構成と特性

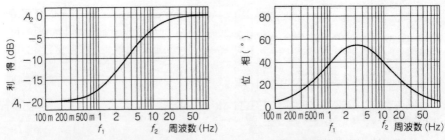

（b）周波数特性および位相特性… $f_1$, $f_2$, $A_1$, $A_2$ の比によって減衰傾度と位相の値は異なる.
この図は $f_1 : f_2 = 1 : 10$ のときの例

　図4-5〜図4-8の特性を見ると，共通した特性に気づきます，すなわち，周波数が高くなると振幅が減衰する負の傾斜では位相が遅れ，逆に周波数が高くなると振幅が大きくなる正の傾斜では位相が進みます．そして平坦な特性では位相が0°に向かいます．また，コンデンサまたはコイル一つと抵抗から構成される，進み要素または遅れ要素が一つだけの回路では，最大位相変化は90°だということです．

● **実際のOPアンプには複数コンデンサが分布しているが**

　コンデンサが1個だけ含まれた回路での位相遅れは最大90°であることがわかりました．したがって，増幅回路にコンデンサが一つだけの遅れ要素の場合には負帰還が不安定になることはありません．

　しかし，OPアンプなどを構成しているトランジスタなどの能動素子には必ず内部に容量成分があるので，実際にはかなりの数の容量が含まれることになります．さらに配線による浮遊容量，増幅器の負荷容量などがあるため，実際の増幅回路で遅れ要素を一つだけにすることはとても不可能です．このため負帰還を使用するOPアンプなどの増幅回路では，一つだけが特別低い時定数（Dominant Pole or First Pole）となるように回路を構成し，他の時定数（Second Pole, Third Pole ……）はできる限り高くし，実質的に一つの遅れ要素にみえるようにしています．

● **二つの遅れ要素が含まれるとき**

　図4-9は $A_1$, $A_2$, $A_3$ という三つの理想増幅器と，$R_C$ で構成される遅れ要素を二つ持つ回路に負帰還をかけたときの構成と伝達特性の式を示したものです．また図4-10は，図4-9における定数を変化させたときの振幅・位相-周波数特性を示したものです．ζ（ジータ…ダンピング・ファクタ）が小さいほどピークの値は大きく，不安定になっていきます．

　ただし遅れ要素が二つなので180°遅れに近づくだけで，180°遅れにはならず，原理的には発振することはありません．しかし現実には回路の他の部分に小さい時定数が存在し，ごくわずかな位相遅れが加わり，発振してしまうことになります．

〈図4-9〉
**遅れ要素を二つもつ
負帰還回路の伝達特性**

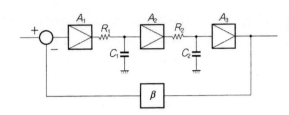

ループ利得$G$を求めると,

$$G = A_1 A_2 A_3 \beta \frac{1}{1 + j\omega R_1 C_1} \cdot \frac{1}{1 + j\omega R_2 C_2}$$

$$= \frac{A\beta}{(1 + j\omega R_1 C_1)(1 + j\omega R_2 C_2)} \qquad \therefore A = A_1 A_2 A_3$$

閉ループ特性$A_C$は,

$$A_C = \frac{1}{\beta} \cdot \frac{1}{1+G} = \frac{1}{\beta} \frac{\dfrac{A\beta}{(1 + j\omega R_1 C_1)(1 + j\omega R_2 C_2)}}{1 + \dfrac{A\beta}{(1 + j\omega R_1 C_1)(1 + j\omega R_2 C_2)}}$$

$$= \frac{A}{1 + A\beta + j\omega(R_1 C_1 + R_2 C_2) - \omega^2 R_1 R_2 C_1 C_2}$$

$$= \frac{A}{1 + A\beta} \cdot \frac{1}{1 + j\omega \dfrac{R_1 C_1 + R_2 C_2}{1 + A\beta} - \omega^2 \dfrac{R_1 R_2 C_1 C_2}{1 + A\beta}}$$

$T^2 = \dfrac{R_1 R_2 C_1 C_2}{1 + A\beta}$ とすると,

$$A_C = \frac{A}{1 + A\beta} \cdot \frac{1}{1 + j\omega \dfrac{R_1 C_1 + R_2 C_2}{\sqrt{1 + A\beta}\sqrt{R_1 C_1 R_2 C_2}} T - \omega^2 - T^2}$$

$$= \frac{A}{1 + A\beta} \cdot \frac{1}{1 + j\omega^2 \zeta T - \omega^2 T^2}$$

$$\zeta = \frac{1}{2\sqrt{1 + A\beta}} \cdot \frac{R_1 C_1 + R_2 C_2}{\sqrt{R_1 R_2 C_1 C_2}}$$

$$= \frac{1}{2\sqrt{1 + A\beta}} \cdot \left( \sqrt{\frac{R_1 C_1}{R_2 C_2}} + \sqrt{\frac{R_2 C_2}{R_1 C_1}} \right) \quad \cdots\cdots\cdots\cdots\cdots\cdots(3)$$

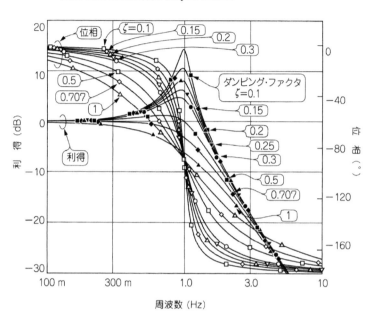

**〈図4-10〉遅れ要素を二つもつ負帰還回路の特性…シミュレーションによる**
**振幅・位相-周波数特性（PSpice による）**

図 4-9 中の(3)式から $\zeta$ を大きくするためには，$A\beta$ …すなわち帰還量を減らすか，二つの遅れ要素の時定数の値の比を大きくすればよいことがわかります．しかし増幅器特性の改善のための負帰還ですから，帰還量を減らすことは避けなければなりません．したがって目標の帰還量を実現し，振幅特性にピークを生じさせないためには，$\zeta > 1/\sqrt{2} = 0.707$ を満足する時定数比を確保する必要があります．

ちなみに遅れ要素が2個の場合は，ほぼ帰還量の2倍の時定数比が必要となります．この時定数の比をスタガ比と呼んでいます．したがって「負帰還におけるスタガ比は帰還量の2倍が必要」ということになります．

以上のような理由で，OP アンプでは一般的にいちばん低い時定数を数 Hz から数十 Hz にし，他の時定数を利得が1になる周波数以上にして，大量の負帰還をかけても安定に動作するように設計されています．

● **具体例をシミュレーションすると**

図 4-11 はそれぞれ 20 dB，トータル 60 dB の利得をもつ三つの理想増幅器と $C_1$ $R_1$，$C_2$

$R_2$ の二つの遅れ要素をもつ回路です．この回路に負帰還を施し，利得 10 倍，40 dB の帰還量になるよう設計してみます．このとき $C_2$ $R_2$ の時定数… 10 kHz がこれ以上高くできず，$C_1$ $R_1$ の時定数だけが調整可能と仮定します．

　帰還量が 40 dB なので，二つの時定数比は 200 倍以上必要です．したがって $C_1$ $R_1$ の時定数は 50 Hz となり，$R_1$=1 kΩ とすると $C_1$=3.18 $\mu$ となります．

　$C_1$ を可変してシミュレーションした結果が図 4-12 で，図(a)がオープン・ループ特性，図(b)がクローズド・ループ特性です．理論どおりに $C_1$=3.18 $\mu$ のとき，利得特性にピークのない，安定な特性になっています．

### ● 高域特性の犠牲を小さくするには…二つの時定数を合成する

　図 4-11 の例では，$C_1$ $R_1$ の値を大きくして安定な負帰還を実現しました．しかし，この方法ではあまりにも高域の利得が犠牲になってしまいます．この高域の犠牲をなるべく少なくして広帯域の周波数特性を実現するのがステップ応答を利用した負帰還の安定化です．

　図 4-7 に示した高域カットオフ・ステップ応答では，利得特性が高域で平坦になっているため，一度遅れた位相が高域でふたたび戻っていきます．したがって $C_1$ $R_1$ の部分をこの特性にすれば，一度 180°近く遅れた位相を高域でふたたび戻すことができます．

　この手法を用いて図 4-13 をシミュレーションした結果が図 4-14 で，図(a)がオープン・ループ特性，図(b)がクローズド・ループ特性です．当然の結果ともいえますが，$f_{p1}$：1 kHz, $f_{p2}$：10 kHz のときが最適で，このときの全体のオープン・ループ特性を合成すると，1 kHz の遅れ要素を一つもった形，つまり図 4-15 のような特性になります．

　このようにステップ応答の形で時定数を補正すると，高域特性の犠牲を少なくして，安定でしかも広帯域の負帰還増幅器を実現することができます．

　ちなみに図 4-11 と図 4-13 を比べると周波数特性が 10 倍改善され，帰還量も 10 倍増

〈図 4-11〉
二つの遅れ要素をもつ 60dB 増幅器
の構成

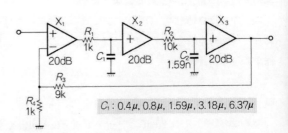

$C_1$ : 0.4$\mu$, 0.8$\mu$, 1.59$\mu$, 3.18$\mu$, 6.37$\mu$

〈**図 4-12**〉図 4-11 の回路で $C_1$ を可変したときの周波数特性（PSpice による）

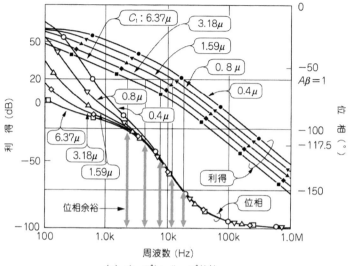

（**a**）オープン・ループ特性

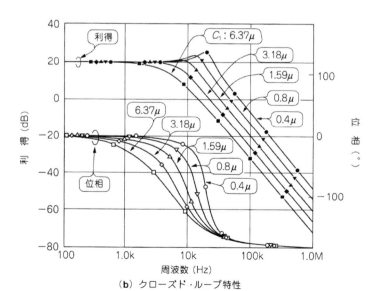

（**b**）クローズド・ループ特性

〈図 4-13〉
二つの遅れ要素をもつ 60 dB 増幅器…ステップ応答を使用している

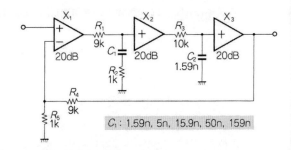

$C_1$ : 1.59n, 5n, 15.9n, 50n, 159n

〈図 4-14〉
図 4-13 の回路で $C_1$ を可変したときの周波数特性 (PSpice による)

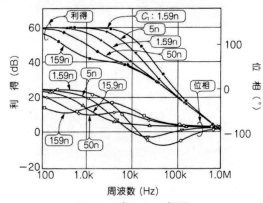

（a）オープン・ループ特性

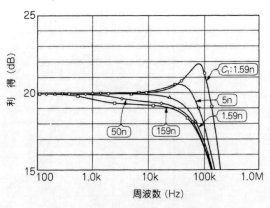

（b）クローズド・ループ特性

〈図4-15〉
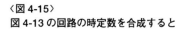
図4-13の回路の時定数を合成すると

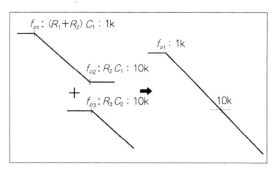

加しています．したがって，ひずみ特性や利得の安定度も帰還量が増加した分だけ改善されることになります．

● **大量の帰還量で安定な負帰還を実現するには**

　負帰還回路では，$A\beta$ =1 での位相余裕が安定度を決定する要素です．したがって**図4-16**に示すように$A\beta$が1より大きい状態では 12 dB/oct とし，$A\beta$ =1 の付近で 6 dB/oct の減衰特性とすれば，安定な負帰還が実現できます．

　**図4-16**において利得$A$の値を変化させてシミュレーションした結果が**図4-17**，$A$の値と利得-周波数特性のピークとの関係をグラフにしたのが**図4-18**です．

　このように遅れ要素が二つ以上あっても$A\beta$ =1 付近での位相が補正できれば，大量の帰還量で，しかも安定な特性を実現することができます．

　負帰還では一見，帰還量が多いほど不安定になると思いがちですが，位相の調整いかんではこのように帰還量が多いほど安定な負帰還も実現することができます．

　この方法を使用すると，ディスクリート部品で構成された電力増幅器と入力特性の優れたOPアンプを組み合わせ，負帰還を施すことにより，出力インピーダンスがきわめて低く，ひずみの少ない，優れた特性の電力増幅器を実現することもできます．

〈図4-16〉 $A\beta$ =1 付近だけ **6 dB/oct** の傾きにする手もある

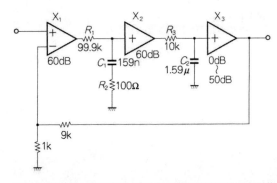

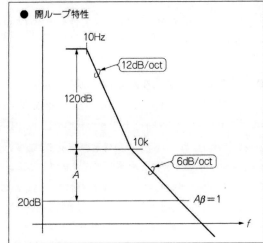

● 開ループ特性

〈図4-17〉 図4-16 の回路で **X₃** の利得を可変したときの周波数特性（PSpice による）

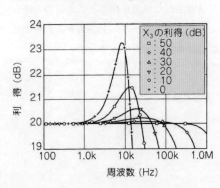

〈図4-18〉 図4-16 の回路の利得とピークの関係（PSpice による）

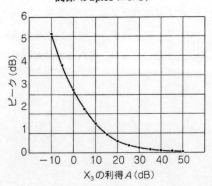

● β（帰還）回路に位相進み補正を追加すると

いろいろな OP アンプや増幅器を扱っていると，「負帰還におけるスタガ比は帰還量の2倍が必要」という条件があと少しというところで満足できず，利得周波数特性にピークができてしまうことがあります．このようなときよく使われるのが，遅れ位相を補正するために，β回路に位相を進めるためのコンデンサを追加する方法です．

図4-19 は三つの理想増幅器と，$f_{p1}$：1 MHz，$f_{p2}$：10 kHz の二つの遅れ要素をもつ回路で，帰還量を 40 dB としたときの回路構成です．ピークが生じないためには 200 倍のスタガ比が必要なのですが 100 倍しか取れません．そこで $C_3$ を追加することによって β 回路を図4-8 に示した低域カットオフ・ステップ特性とし，$Aβ$ =1 の周波数での位相遅れを補正し，位相余裕を確保します．

β 回路に位相補償を行ったために，オープン・ループの入出力特性では位相余裕が判断

〈図4-19〉
二つの遅れ要素をもつ 60dB 増幅器…位相進みを追加した回路

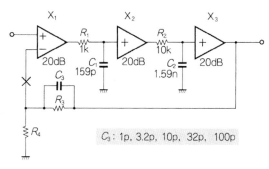

〈図4-20〉
図4-19 の回路で $C_3$ を可変したときのオープン・ループ周波数特性（PSpice による）

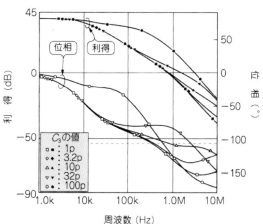

〈図4-21〉
図4-19の回路で $C_3$ を可変した
ときのクローズド・ループ周波数
特性（PSpice による）

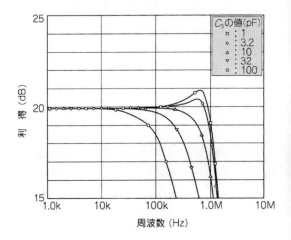

できません．この場合は図4-19におけるアンプ $X_1$ の＋入力から $R_4$ のまでの $A\beta$ 特性を
シミュレーションします．結果が図4-20です．位相余裕を判断するのは0dBの点とな
ります．

　シミュレーションの結果，$C_3 = 10$ pF のときの減衰特性がもっとも6dB/octに近く，0
dBの周波数が846.547 kHz で，位相が $-106.7°$（位相余裕73.3°）となっています．また図
4-21のようにクローズド・ループの入出力特性でも，$C_3 = 10$ pF のときがいちばんフラッ
トで広帯域な特性となっています．

## 4.2　OPアンプ回路に対する容量負荷の影響

### ● OPアンプに容量負荷がつくと

　OPアンプを使用した増幅器が単体では正常なのに，システムで動作させると発振して
しまい，原因を探ると犯人は出力ケーブルの容量だったといった苦い経験をもつ方も多い
ことと思います．

　ここでは回路シミュレーションと実験によるデータからOPアンプの容量負荷の影響と
その対策方法を解説します．

　OPアンプに容量負荷が加わると図4-22のような形になります．OPアンプの出力抵抗
と容量負荷で1次のローパス・フィルタが形成され，これが負帰還のループの中に含まれ
ることになります．

　先に説明したように，$A\beta = 1$になる周波数での位相遅れは周波数特性にピークを生じ，さらには発振してしまうことになります．つまり出力抵抗と容量負荷によるローパス・フィルタも同様な影響をおよぼし，負荷容量の値によっては利得-周波数特性にピークを生じ，さらには発振してしまうことになります．

　したがって容量負荷に強い増幅器の条件は，位相余裕が大きく，出力抵抗が小さいということになります．

　OPアンプの容量負荷による影響を調べるには，位相余裕，出力インピーダンス，負荷容量の三つのパラメータを明らかにすることですが，困ったことにほとんどのOPアンプのデータシートには位相余裕も高域での出力抵抗も定格が記載されていません．

### ● OPアンプの出力インピーダンスを測ってみると

　OPアンプのオープン・ループでの出力インピーダンスというのはあまりお目にかかったことがありません．そこで，実際に計測してみることにしました．

　OPアンプの出力インピーダンスを計測するには**図4-23**(a)のように，無負荷と抵抗負荷での出力電圧の変化から算出する方法と，**図4-23**(b)に示す出力に電流を注入して生じる電圧によって出力インピーダンスを求める二つの方法があります．**図**(a)の方法が一般的

〈図4-22〉
**OPアンプの出力に負荷容量がくっ付くと**

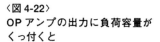
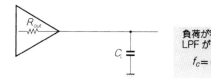

負荷が容量になると
LPF が形成される
$$f_C = \frac{1}{2\pi R_{out} C_L}$$

〈図4-23〉OPアンプの出力インピーダンスを測るには

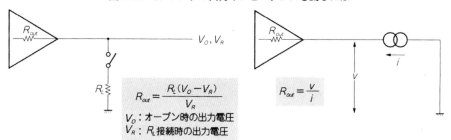

$$R_{out} = \frac{R_L(V_O - V_R)}{V_R}$$

$V_O$：オープン時の出力電圧
$V_R$：$R_L$接続時の出力電圧

$$R_{out} = \frac{v}{i}$$

（**a**）負荷抵抗を ON/OFFする　　　　　（**b**）出力に電流を注入する

〈**図4-25**〉OPアンプの出力インピーダンスの測定結果 ——

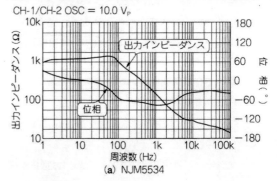

(**a**) NJM5534

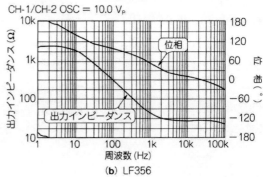

(**b**) LF356

〈**図4-24**〉
OPアンプのオープン・ループでの
出力インピーダンスを測定するには

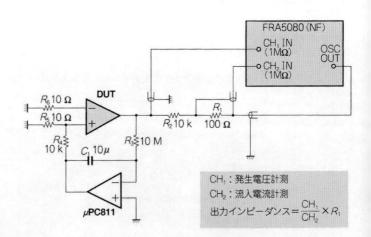

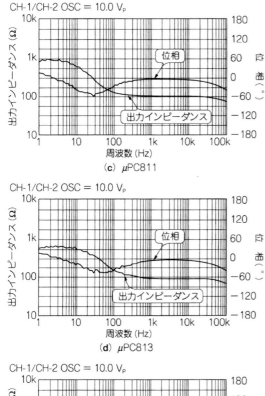

CH-1/CH-2 OSC = 10.0 V_P

(c) μPC811

(d) μPC813

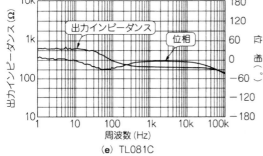

CH-1/CH-2 OSC = 10.0 V_P

(e) TL081C

ですが，出力インピーダンスの周波数特性を求めるにはデータの処理が複雑になります．図(b)の方法は周波数分析器が使用できれば直接出力インピーダンスの周波数特性を得ることができます．

図 4-24 が出力インピーダンスを測定するためのブロック図です．使用した FRA5080 （コラム C 参照，p.103）という測定器は CH$_1$ と CH$_2$ の間の利得と位相を計測するもので，信号出力・入力 2 チャネルいずれも個別にフローティングされていますので電位が異なった点でも自由に接続することができます．なお OP アンプがオープン・ループだと，出力が直流オフセット電圧のため飽和してしまうので DUT（被測定物… OP アンプ）の出力が直流で 0 V になるように制御回路を付加しています．

図 4-25 が測定結果です．0 dB が 100 Ω ですので，−20 dB が 10 Ω，20 dB が 1 kΩ となります．測定値は Ω に換算してあります．

結果を見て意外に思われる方もあると思いますが（一般的に増幅器は周波数が高くなると出力インピーダンスが高くなる），OP アンプ内部の電圧増幅段の出力インピーダンスは時定数のためにオープン・ループ利得に比例し，低域では高インピーダンスになっています．したがって，そのインピーダンスが出力段で電流増幅されインピーダンスが低くなると考えれば，低域でインピーダンスが高くなる現象は納得できます．

(a)に示した NJM5534 などは複雑な特性となっていますが，おおまかに結果をまとめると次のようになります．

|  | 低域での出力抵抗 | 高域での出力抵抗 |
|---|---|---|
| NJM5534 | 1.3 kΩ | 20 Ω |
| LF356 | 2 kΩ | 30 Ω |
| μ PC811 | 800 Ω | 100 Ω |
| μ PC813 | 560 Ω | 85 Ω |
| TL081 | 560 Ω | 210 Ω |

## ● メーカのマクロモデルから出力インピーダンスをシミュレーションするには

次に念のために，OP アンプ・メーカから提供されている回路シミュレータ PSpice 用マクロモデルで，出力インピーダンスをシミュレーションしてみました．図 4-26 が TI 社から発表されている NJM5534 のオリジナルである NE5534 のマクロモデルを使い，電流注入法によって出力インピーダンスを求めるためのリストです．

電流注入法というのは，図 4-23 (b)に示すように OP アンプの出力に電流を注入して，生じる電圧から出力インピーダンスを求めるというものです．

シミュレーション結果を図 4-27 に示します．位相補正コンデンサの値（シミュレーションの $C_C$=6 pF の時が位相補正コンデンサなしに相当）により，異なったカーブを描いていますがいずれも低域では 75 Ω，高域では 50 Ω となって，やはりオープン・ループで

**〈図 4-26〉TI 社から発表されている OP アンプの SPICE 用マクロモデル… NE5534 ①**

```
*  NE5534 Output Impedance (TI Macro Model)
*        Cc: 6P, 20P
*
.AC  DEC  20  1  10MEG                    ←出力インピーダンスを求めるために
.PROBE V(1) I(IIN)                          追加したリスト
*
IIN  1   0   AC   1M
*
X1   0   0   11  12   1   2   3   NE5534
CC   2   3                        CMOD 1P
VCC  11  0                        15V
VEE  12  0                        -15V
*
.MODEL CMOD CAP()
.STEP CAP CMOD(C) LIST 6 20
*
** NE5534 operational amplifier "macromodel" subcircuit
* created using Parts release 4.01 on 08/08/91 at 12:41
* (REV N/A)
* connections:   non-inverting input
*                | inverting input
*                | | positive power supply
*                | | | negative power supply
*                | | | | output
*                | | | | | compensation
*                | | | | | / \
.subckt  NE5534  1 2 3 4 5 6 7
*
  c1   11 12 7.703E-12
  dc    5 53 dx
  de   54  5 dx
  dlp  90 91 dx
  dln  92 90 dx
  dp    4  3 dx
  egnd 99  0 poly(2) (3,0) (4,0) 0 .5 .5
  fb    7 99 poly(5) vb vc ve vlp vln 0 2.893E6 -3E6 3E6 3E6 -3E6
  ga    6  0 11 12 1.382E-3
  gcm   0  6 10 99 13.82E-9
  iee  10  4 dc 133.0E-6
  hlim 90  0 vlim 1K
  q1   11  2 13 qx
  q2   12  1 14 qx
  r2    6  9 100.0E3
  rc1   3 11 723.3
  rc2   3 12 723.3
  re1  13 10 329
  re2  14 10 329
```

〈図4-26〉TI社から発表されている OP アンプの SPICE 用マクロモデル… NE5534 ②

```
 ree   10  99  1.504E6
 ro1    8   5  50
 ro2    7  99  25
 rp     3   4  7.757E3
 vb     9   0  dc 0
 vc     3  53  dc 2.700
 ve    54   4  dc 2.700
 vlim   7   8  dc 0
 vlp   91   0  dc 38
 vln    0  92  dc 38
.model dx D(Is=800.0E-18)
.model qx NPN(Is=800.0E-18 Bf=132)
.ends
*
.END
```

〈図 4-27〉シミュレーションで出力インピーダンスを求めると（PSpice による）

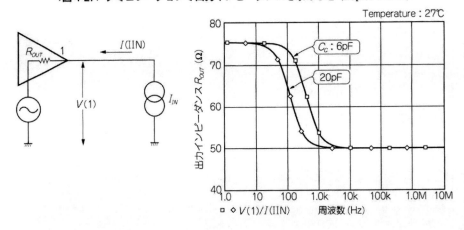

は高域になると出力インピーダンスが下がる結果となっています.

● **容量負荷特性をシミュレーションすると**

　図 4-27 の測定結果からモデリングのための出力インピーダンスを決定しますが，ここでの目的は高域でのピーク解析が目的なので，高域での出力抵抗値を設定します．またオープン・ループの周波数特性は以前の実験結果を使用して**図 4-28** のようにしました.

　**図 4-29** が NJM5534 の容量負荷特性のシミュレーション結果です．位相余裕が少ない

〈図4-28〉OP アンプの**容量負荷特性**をシミュレーションするためのリスト

```
*      NJM5534   CAPACITER LOAD
*
.AC   DEC   100   100K   10MEG
*
VIN   1    0     AC    1
*
X1    1    2     3       TE5534
R1    2    0             1.1K
R2    2    3             10K
CL    3    0             CMOD 1N
*
.MODEL CMOD CAP()
.STEP CAP CMOD(C) LIST 0.1 0.5 1 1.5 2 3
*
*                   +      -      OUT
.SUBCKT TE5534      1      2      10
RIN   1    2                100K
CIN   1    2                3P
E1    3    0     1    2     300K      ;GAIN
J1    3    4     4          JNFET
J2    5    4     4          JNFET
R1    5    6                20.7MEG   ;POLE1=R1*C1 100Hz
C1    6    0                76.9P     ;SR=1mA/C1 13V/usec
E2    7    0     6    0     1
R2    7    8                1K        ;POLE2=R2*C2 1MHz
C2    8    0                159P
E3    9    0     8    0     1
ROUT  9    10               20        ;OUTPUT Z
.ENDS
*
.MODEL JNFET NJF ( BETA=2.5E-4 )
*
.PROBE V(1) V(3)
.END
```

ためにピークができやすく，1000 pF で 9.4 dB，3000 pF では何と 23.6 dB のピークが生じています．したがって NJM5534 を利得 20 dB の非反転増幅器に用いるときには，1000 pF 以上の容量負荷では何らかの対策が必要となります．

　図4-30 が別の OP アンプ LF356 と $\mu$ PC811 の容量負荷シミュレーション結果です．どちらも位相余裕は同じ程度ですが，LF356 のほうが出力インピーダンスは 30 Ω と低いので，同じ 10000 pF の容量負荷でも LF356 が 1.8 dB のピーク，$\mu$ PC811 が 5.1 dB のピー

〈図4-29〉NJM5534を使ったときの容量負荷特性（PSpiceによる）

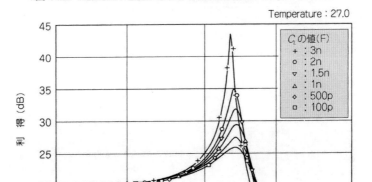

クとなり，LF356のほうが容量負荷に強いという結果となっています．

しかし実際の出力ケーブルとしてよく利用されているシールド・ケーブルは1mあたり200～300pFの容量ですから，どちらも容量負荷には強いOPアンプということができるでしょう．

● 容量負荷特性を実測すると

これまでのシミュレーションを実証するために，図4-31の回路を実際に組み立てて，負荷に実際の容量を接続して計測してみましょう．

実測結果を図4-32に示しますが，ピーク値をまとめると下の表のようになります．

|  | 容量負荷 | シミュレーション | 実測値 |
|---|---|---|---|
| NJM5534 | 1000 pF | 9.4 dB | 6 dB |
|  | 3000 pF | 23.6 dB | 17 dB |
| LF356 | 10 nF | 1.8 dB | 1.5 dB |
|  | 100 nF | 10.9 dB | 10 dB |
| μPC811 | 10 nF | 5.1 dB | 5.5 dB |
|  | 100 nF | 14.8 dB | 14 dB |

NJM5534はシミュレーションのほうが若干ピークが大きめに出ていますので，もう少し出力抵抗を低めにするか，$f_{p2}$ の値を若干高めにする必要がありそうです．しかし，実

〈図4-30〉
OPアンプを変えて容量負荷特
性をシミュレーションすると
（PSpiceによる）

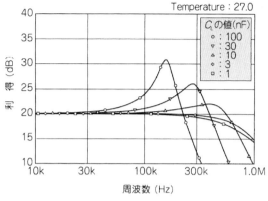

（a）LF356

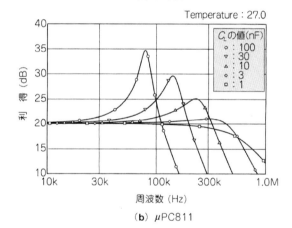

（b）μPC811

〈図4-31〉
OPアンプの容量負荷の影響を調べるための回路

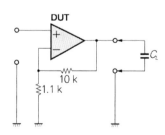

〈図4-32〉OPアンプに容量負荷をつないだときの特性変化の実測

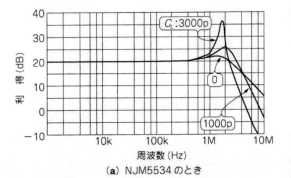

(a) NJM5534のとき

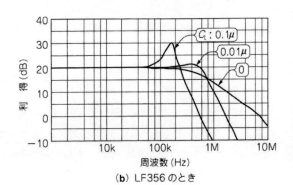

(b) LF356のとき

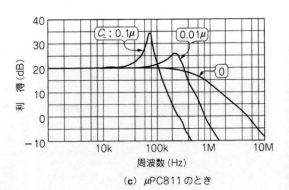

(c) μPC811のとき

用上はこの程度合えば問題ないでしょう.

LF356とμPC811については非常によく一致しているのがわかると思います.

〈図 4-33〉容量負荷の影響を小さくする回路

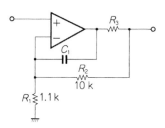

〈図 4-34〉
図 4-33 の回路で特性をシミュ
レーションすると（PSpice によ
る）… OP アンプに NJM5534
を使用

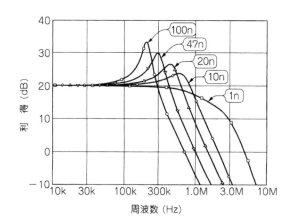

● **容量負荷の影響を回路で低減するには**

　NJM5534 を利得 20 dB 以下で使用するには負荷の容量に十分注意しなくてはなりませ
んが，容量負荷に対して回路を工夫したのが**図 4-33** です．$C_1$ によって位相を戻し，位相
余裕を大きくしています．

　この補正容量 $C_1$ は使用する OP アンプと回路定数により異なりますが，回路シミュレ
ータ PSpice のステップ機能で補正パラメータを変えながらシミュレーションすれば，周
波数特性の変化から適正値を求めることができます．

　NJM5534 で最終的に得られた補正パラメータの定数が〔$C_1$=20 pF，$R_3$=20 Ω〕というわ
けです．

　この補正値でさらに負荷容量を増大し，シミュレーションしたのが**図 4-34** で，実際の
回路での実測値が**図 4-35** です．

　シミュレーションの値と実測値で若干の違いがありますが，許容できる範囲です．無補

〈図 4-35〉
**図 4-33 の回路の特性を実測すると**

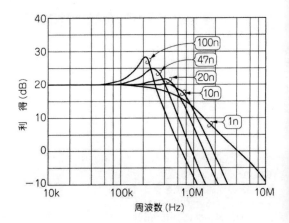

正でのデータ…**図 4-32** に比べると格段に安定になっていることがわかります.

　周波数特性が若干犠牲になっていますが，容量負荷の値とのトレードオフとなり，$C_1 = 10\,\mathrm{pF}$，$R_3 = 10\,\Omega$ にすると 1 MHz 程度までフラットな特性が実現できます. ただし，これらはすべて小振幅での特性です. 大振幅では，容量負荷に流れる電流やスルーレートにより高域での出力電圧が制限されることを覚えておいてください.

# ●コラム C ●　周波数特性を測定するには

図 4-24 で測定した振幅・位相-周波数特性は，**写真 4-A** に示す周波数特性分析器（FRA Frequency Response Analyzer）と呼ばれているもので計測したものです．一般にはあまり知られていませんが，この計測器はサーボ・アナライザとも呼ばれており，ロボットやモータ制御のサーボ機構の伝達特性とか PLL のループ特性を計測するのに用いられています．

発振部と解析部をもち，ディジタル・フーリエ分析によって被測定物の利得・位相特性を計測しています．したがって，低い周波数では 1 波形で分析を完了しますからネットワーク・アナライザにくらべると低い周波数での計測速度が圧倒的に速いのが特徴です．

ここで製作したアンプのように 0.1 Hz からの計測というときには最適です．

〈写真 4-A〉
**周 波 数 特 性 分 析 器**
**FRA5080**〔㈱ NF 回路設計ブロック〕

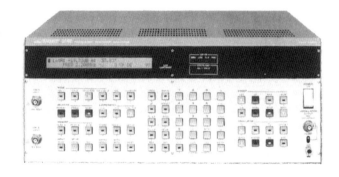

# 第5章

# 雑音上の信号を上手に取り上げる回路技術

## 差動アンプの技術を活用しよう

　雑音には除去しやすい雑音と除去しにくい雑音があります．雑音あるいはコモン・モード電圧の中から信号成分だけをソーッと取り出して増幅しようというのが差動アンプと呼ばれるものです．対して，これまで述べた普通のアンプはシングルエンド入力アンプと呼ばれています．

　高精度計測では差動アンプの技術が欠かせません．

## 5.1　コモン・モード雑音がとれない

### ● ノーマル・モードとコモン・モードの雑音

　コモン・モード雑音の存在については第1章でも少しふれてありますが，高精度アンプを設計するとなると少し詳しく理解しておく必要があります．

　コモン・モード雑音の影響は，プリアンプ単体で調整・評価しているときには現れません．しかし後続の処理部と組み合わせたり，システムの総合評価のとき，そして実際に装置を設置して動作させたときに遭遇する雑音です．この雑音をいかにして速やかに，スマートに除去するかで設計者の技量が決まるといっても過言ではありません．

　ふつうにノイズと言われているノーマル・モード雑音の混入方法を説明したのが，**図5-1**です．一般の測定器などでは，信号源 $V_s$ とアンプが A，B のケーブルで接続されています．

　**図(a)**は浮遊容量 $C_s$ によって雑音が静電結合し，混入する場合です．プリント基板のパターンが隣のパターンに近かったり，盤間配線でほかの信号と一緒に束線してしまった場

合などに起こります.

　図(b)は雑音電流によって生じた磁束が信号線をよぎり，信号線に混入する場合です．電源トランスなどで発生した磁束がプリアンプの入力部をよぎった場合などに起こります.

　このように，プリアンプなどのグラウンドと入力の間に直接混入する雑音をノーマル・モード（差動モード）雑音と呼んでいます.

　図(a)のノイズを対策するには配線にシールド線などを使用して，雑音源と信号部分をしゃ断し，浮遊容量による雑音はグラウンドだけを経由して戻るようにします.

　図(b)の場合は磁束そのものをシールドすることは大変なので，磁束がよぎる部分の面積を減らします．このとき図(d)のように信号線をよると，磁束がよぎる面積が減るだけでなく，磁束によって発生する，隣合う起電力の極性が逆になるため，雑音が打ち消されます.

## ● コモン・モード雑音がノーマル・モード雑音に変換される

　信号の経路が先の図5-1のように A，B だけならば「雑音対策はこれで解決！」となるのですが，現実はそんなに甘くありません．A，B のほかに C という経路が存在するので

### 〈図5-1〉ノーマル・モード雑音とその対策

$V_n$：プリアンプ入力に加わる雑音電圧
$R_\ell$：線路インピーダンス（この場合は$R_s /\!/ R_{iN}$）
$M$：相互誘導係数
$C_s$：浮遊容量

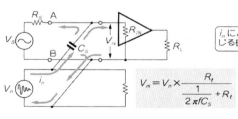

$$V_n = V_n \times \cfrac{R_\ell}{\cfrac{1}{2\pi f C_s} + R_\ell}$$

（a）静電結合による雑音の混入

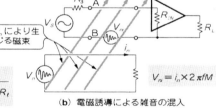

$$V_n = i_n \times 2\pi f M$$

（b）電磁誘導による雑音の混入

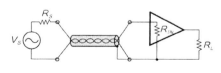

（c）静電結合と電磁誘導の対策

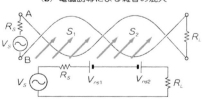

磁束が均一で面積 $S_1 = S_2$ ならば
$V_{ns1} = V_{ns2}$ で打ち消される

（d）ケーブルによって電磁
　　誘導雑音を打ち消す

す．**図5-2**にＣという経路を含めた回路の接続を示します．

**図5-2(a)**において，Ｃの経路を一般にはグラウンド（大地）と呼ぶのですが，実際には
これが電源のコモン（０Ｖライン）であったり，ケースであったり，ラックであったりさ
まざまです．そしてＣ経路には，ほかの機器によるさまざまな雑音電流が流れ，$Z_G$のイ
ンピーダンスによって信号 $V_S$ のグラウンドと負荷の $R_L$ のグラウンドの間に雑音電圧が加
わってしまうのです．これがコモン・モード（同相モード）雑音と呼ばれるものです．

**図(b)**においてＢの線路インピーダンスが０であれば問題は発生しないのですが，実際
にはＢの線路にもコイル $L$ 成分や抵抗 $R$ 成分… $Z_B$ が存在します．またＡの線路インピ
ーダンスは $Z_A$ に信号源抵抗 $R_S$，それに増幅器の入力インピーダンス $R_{IN}$ が加わったもの
となります．

また，ふつうは $(R_S + Z_A)$ に比べて $R_{IN}$ が非常に大きいので，$Z_B$ の両端に生じる雑音と
$R_S + Z_A$ の両端に生じる雑音電圧は異なるのです．その結果，**図(c)**に示すように差の雑音
電圧 $V_{nn}$ が信号源に直列に加わることになります．

こうしてコモン・モード雑音はノーマル・モード雑音に変換され，プリアンプの入力に加
わり，増幅されて出力に現れてしまいます．

コモン・モード雑音電流の発生原因はさまざまです．プリアンプ以降の信号処理のため
のディジタル回路やスイッチング電源，あるいはほかの機器であったりもします．

### 〈図5-2〉コモン・モード雑音とその対策

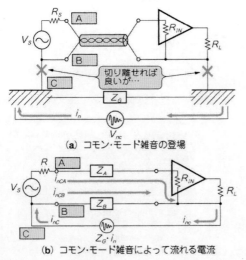

(a) コモン・モード雑音の登場

(b) コモン・モード雑音によって流れる電流

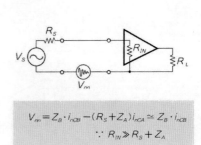

$$V_{nn} = Z_B \cdot i_{nCB} - (R_S + Z_A)i_{nCA} \simeq Z_B \cdot i_{nCB}$$
$$\because R_{IN} \gg R_S + Z_A$$

(c) コモン・モード雑音がノーマル・モードに*!!*

図5-2(a)において，信号源のグラウンド接地か，増幅器の接地を外せばコモン・モード雑音の影響は除けます．このため一般にはセンサなどの信号源側をできるだけ浮かすようにしますが，実際は浮遊容量などがあるために高い周波数までグラウンドに対して高インピーダンスにするには難しいことが多いようです．

　信号源が商用電源に接続されていたり，ほかの機器にも接続されていたりすると，コモン・モード雑音の経路は非常に多岐にわたり，複雑な様相を呈することになります．

　また増幅器（プリアンプ）側は商用電源で駆動されていることが多く，商用電源を通じて暗黙のうちに接地されています．つまり，次章で説明するアイソレーション・アンプなどを使わないかぎり，増幅器とグラウンドを高インピーダンスで絶縁することは難しくなります．

## 5.2　そして差動アンプの登場

### ● 差動アンプとは

　図5-3に示すように，信号の両端を直接検出して，コモン・モード雑音の影響をなくして増幅するのが差動アンプと呼ばれるものです．差動アンプは＋と－の二つの入力をもち，G電位（グラウンド）に対して＋入力と－入力の差電圧を増幅する機能をもった増幅器で，等価回路で表すと図(b)のようになります．

〈図5-3〉差動アンプの役割

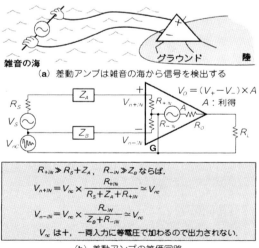

（a）差動アンプは雑音の海から信号を検出する

$$R_{+IN} \gg R_S + Z_A, \quad R_{-IN} \gg Z_B ならば，$$

$$V_{o+IN} = V_{nc} \times \frac{R_{+IN}}{R_S + Z_A + R_{+IN}} \simeq V_{nc}$$

$$V_{o-IN} = V_{nc} \times \frac{R_{-IN}}{Z_B + R_{-IN}} \simeq V_{nc}$$

$V_{nc}$は＋，－両入力に等電圧で加わるので出力されない．

（b）差動アンプの等価回路

　この図からわかるように，差動アンプの入力インピーダンス $R_{+IN}$ と $R_{-IN}$ が信号源抵抗 $R_S$，線路インピーダンス $Z_A$，$Z_B$ に比べて十分大きい場合は，＋入力に加わる雑音成分（$V_{n+IN}$）と，－入力に加わる雑音成分（$V_{n-IN}$）は同じ値（差が0）になり，増幅器の出力には雑音成分は現れません．信号成分 $V_S$ だけが＋入力電圧と－入力電圧の差となって増幅されるというものです．

　また，二つの入力インピーダンスを $R_{+IN} = R_{-IN}$ と等しくし，$R_S + Z_A = Z_B$ となるように $Z_B$ を調整すれば，$R_{+IN}$ と $R_{-IN}$ の値が低くても $V_{nc}$ の影響を取り除くことはできます．しかし，信号源抵抗 $R_S$ の値やケーブルのインピーダンス $Z_A$，$Z_B$ は明確にできないことが多いので，差動アンプでは入力インピーダンスを高くすることが望ましいのです．

**〈図5-4〉シールドの処理**

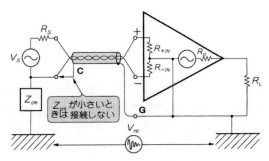

（**a**）シールド処理と差動アンプ

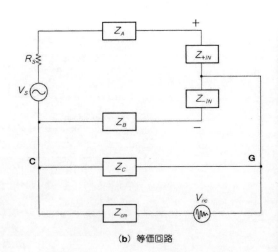

（**b**）等価回路

## ● 差動アンプへの入力ケーブルの接続法

信号源との接続はふつう2芯シールド線を使用し，**図5-4**(a)のように接続します．このとき信号源が低インピーダンスでグラウンドに接続されている場合…$Z_{cm}$ が小さいときは，シールド部分は信号源と未接続にします．しかし信号源とグラウンドとが高インピーダンスの場合…$Z_{cm}$ が高いときは，シールドをグラウンド側に接続します．

これは同相インピーダンス $Z_{cm}$ が大きい場合は $Z_C$（インピーダンスは小さい）を接続して C-G 間に現れる $V_{nc}$ の成分を $Z_{cm}$ と $Z_C$ により減衰させ，$V_{nc}$ の影響をより少さくするめです．

同相インピーダンス $Z_{cm}$ が小さい場合は，$Z_C$ を接続しても $V_{nc}$ の成分は小さくなりません．逆にコモン・モード雑音 $V_{nc}$ による電流が大きくなり，この電流がほかに悪影響を与えてしまいます．この結果 $Z_C$ は接続しないほうが雑音が少ないことが多くなります．

こうして差動アンプを使用することにより，コモン・モードの雑音を取り除くことができます．しかし，差動アンプを使用すればすべて解決かというとそう甘くはありません．差動アンプがコモン・モード雑音に対して効果を発揮するのは1MHz以下の低周波の場合が多く，1MHz以上の周波数のときは別の手法（コモン・モード・チョークなど）を使用することになります．

## ● 高入力インピーダンスにするには FET OP アンプ

差動アンプでは入力インピーダンスを高くし，＋，－の二つの入力信号線に雑音電流を流さないようにして，コモン・モード雑音から逃れます．

ところで一般に OP アンプを構成しているトランジスタは基本的に電流増幅素子ですから，入力にバイアス電流を必要とし，高インピーダンスの信号源には適しません．

これに対して FET は，ゲートに加わった電圧をドレイン電流として変化させて増幅する電圧増幅素子です．原則として入力にバイアス電流は流れません．若干のゲート漏れ電流が流れますが，値はトランジスタに比べると桁違いに少なくなっています．

一般にバイポーラ OP アンプの入力バイアス電流は 10nA から 1μA となっていますが，FET OP アンプの場合 100pA 以下で，中には 1pA 以下のものもあります．

したがって，信号源インピーダンスが高い場合は FET OP アンプを使用することになります．ただし，FET OP アンプでローノイズ/ロードリフトのものは高価なのでむやみに使用することはできません．

信号源インピーダンスが低い場合は，バイポーラ OP アンプでも十分に差動アンプの効

果を発揮します.

## ● 入力バイアス電流の影響は

　トランジスタは基本的に電流増幅素子ですから，**図 5-5** に示すように，ベースに電流が流れます．OP アンプもトランジスタ入力タイプのもの（バイポーラ OP アンプと呼ばれる）はこの電流が流れます．詳しく言うと，入力が NPN トランジスタのものは OP アンプの入力に電流が流れ込み，入力が PNP トランジスタのものは OP アンプの入力から電流が流れ出します（**図 5-6**）．この電流が OP アンプ IC のデータシートに載っている入力バイアス電流 $I_B$ です.

　したがって直流増幅器の場合は，この $I_B$ が信号源抵抗 $R_S$ に流れるため，入力に誤差電圧を生じてしまいます．$I_B$ と $R_S$ が固定で変化しない場合はオフセット電圧の調整で逃れることができますが，$I_B$ は温度によって変化してしまいます．また，汎用の直流増幅器の場合は信号源抵抗 $R_S$ を定めることができません.

　**図 5-7** にバイアス電流 $I_B$ と信号源抵抗 $R_S$ の変化により，出力に直流誤差が生じるようすを示します．少し細かい説明になりますが，回路はおなじみの利得 100 倍の非反転増幅

〈**図5-5**〉トランジスタと FET の違い　　　〈**図5-6**〉OP アンプの入力電流の流れ方

〈**図5-7**〉信号源抵抗が変化すると出力も変化する…入力バイアス電流の影響

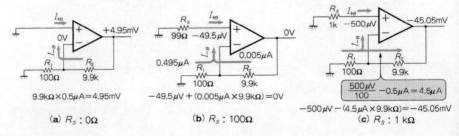

器です．$I_B$ を 0.5 $\mu$A とし，入力オフセット電圧は 0 V とします．したがって＋－の入力は同じ電圧となります．

図(a)は $R_S$ が 0 Ω のときです．$I_{+B}$ が流れても＋－の入力電圧は 0 V ですから，$R_1$ には電流が流れません．しかし $R_2$ にはバイアス電流分が流れ，$R_2$ の両端の電圧 ＋4.95 mV が誤差電圧として出力に現れます．

図(b)は，$R_S$ を $R_1$ と $R_2$ の並列合成抵抗値に等しい 99 Ω としたときです．＋－の入力電圧は －49.5 $\mu$V となり，$R_1$ から 0.495 $\mu$A が流れ込み，残りの 0.005 $\mu$A が $R_2$ から流れ込みます．$R_2$ での電位差は 49.5 $\mu$V となり出力には誤差電圧は現れず 0 V となります．

図(c)は $R_S$ が 1 kΩ のときです．＋－の入力電圧は －500 $\mu$V となって $R_1$ には 5 $\mu$A が流れ，0.5 $\mu$A がバイアス電流となり，残りの 4.5 $\mu$A が $R_2$ に流れます．したがって $R_2$ での電位と入力電圧を加えた －45.05 mV が誤差出力電圧となります．

## ● 入力バイアス電流の影響を小さくするには

OP アンプの入力バイアス電流 $I_B$ の影響はある程度補正することはできます．

図 5-8 のように反転増幅器の＋入力端子に直列抵抗 $R_3$ を挿入し，＋－の入力から信号側を見たインピーダンスを同じに設計すると，入力バイアス電流 $I_B$ の温度変化による直流誤差から逃げられます．

この抵抗 $R_3$ は $I_B$ の温度変化による影響を補正するためだけのものなので，FET OP アンプでは当然不要です．また交流的には抵抗があると熱雑音を発生したり，インピーダンスが高くなり，静電結合の雑音混入を受けやすくなりますので，並列にコンデンサを加え交流インピーダンスを下げます．

しかし実際の $I_B$ は＋入力と－入力でまったく同じ値にはなりません．この差を入力オフセット電流 $I_{IO}$ として規定しています（$|\ I_{+B} - I_{-B}\ | = I_{IO}$）．

入力オフセット電流 $I_{IO}$ は，$I_B$ の 1/10 くらいの値になっているものが多いようです．このため図 5-8 のように $R_3$ を使用しても，$I_{IO}$ があるために $I_B$ の影響を完全に除くことはできません．つまり，$R_3$ の値もあまりシビアに考える必要はありません．

〈図 5-8〉
バイアス電流の影響をキャンセルする抵抗… $R_3$

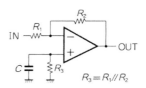

$$R_3 = R_1 // R_2$$

　高精度のバイポーラ OP アンプでは**図 5-9** のように IC 内部で $I_B$ を補正して，$I_B$ の値を小さくしています．このように $I_B$ を補正しているため，$I_{+B}$ と $I_{-B}$ の流れる方向が一定でなく，データシートには ± が付いています．このような OP アンプでは当然ですが**図 5-8** の $R_3$ は効果はありません．意味のないものとなります．

〈**図 5-9**〉バイアス電流を補正している **OP アンプ**（OP-07，LT1028， $\mu$PC816 など）…図は **LT1028**（リニア・テクノロジー）

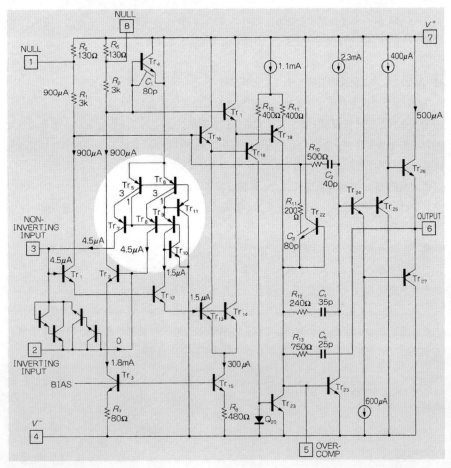

## ● FET OP アンプは入力オフセット電圧温度ドリフトに注意

OP アンプを使った微小信号増幅用の直流アンプでは，OP アンプ自身による直流ドリフトを抑えることが重要です.

直流ドリフトの原因には入力バイアス電流 $I_B$ のほかに，入力オフセット電圧 $V_{IO}$ があります. この $V_{IO}$ 自体は**図 5-10** のように外部に調整用の半固定抵抗を付けて 0 にすることができますが，オフセット電圧調整端子は OP アンプの種類によってピン番号が異なり，半固定抵抗の値も異なります. また接続する電圧も正負と異なっていますから，注意して OP アンプ IC のデータシートを読む必要があります.

周囲温度が変化すると，この入力オフセット電圧 $V_{IO}$ の値は変化します. これを規定したのが入力オフセット電圧温度ドリフト $\Delta V_{IO}/\Delta T$ です. $\mu$V/℃で示されています. 一般にこの $\Delta V_{IO}/\Delta T$ はバイポーラ OP アンプよりも FET OP アンプのほうが大きく，個々のバラツキも多いようです. FET OP アンプを使用する場合はこの値に注意が必要です.

## ● 差動アンプの性能 *CMRR* (Common Mode Rejection Ratio)

差動アンプでいちばん重要な特性が同相信号除去比（*CMRR*）と呼ばれるものです. 理想的な差動アンプでは**図 5-11** (a)に示すように，信号 $V_{SC}$ を与えても出力に信号が現れないはずですが，現実は＋－のわずかな利得の差や，＋－の利得-周波数特性の差によって出力に信号が現れてしまいます. 図(a)の利得を同相利得と呼び，目的の信号である $V_{SD}$ に対する図(b)の利得を差動利得といいます. この二つの利得の比が *CMRR* となります.

したがって *CMRR* が大きいほど優れた差動アンプとなり，コモン・モード雑音の除去効果は大きくなります. ただし，*CMRR* は OP アンプだけでは決定されません. 入力抵抗や帰還抵抗の値によって大きく左右されます. これについてはさらに後の項で触れます.

〈図 5-10〉入力オフセット電圧の調整　　　〈図 5-11〉OP アンプの同相信号除去比… *CMRR*

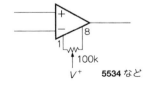

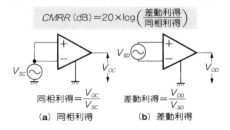

$$CMRR\,(\mathrm{dB})=20\times\log\left(\frac{差動利得}{同相利得}\right)$$

同相利得$=\dfrac{V_{OC}}{V_{SC}}$　　　差動利得$=\dfrac{V_{OD}}{V_{SD}}$

(a) 同相利得　　　(b) 差動利得

## 5.3 進化した差動アンプ

### ● 基本は OP アンプ 1 個の差動アンプ

OP アンプは二つの入力端子をもっており，基本的に差動アンプです．したがって**図5-12** のように接続すると差動アンプとして動作します．

この**図 5-12** の回路は OP アンプ 1 個で実現できるのが最大のメリットなのですが，−IN から見た入力インピーダンスは $R_1$ となり，＋IN から見た入力インピーダンスは（$X_1$ の＋入力が高インピーダンスになるため）$R_2 + R_4$ となります．つまり $R_1 = R_2$ で回路を構成した場合，＋入力と−入力で入力インピーダンスが異なってしまい，しかも入力インピーダンスも高くできないという欠点があります．結果として大きな *CMRR* は望めません．

### ● 複数 OP アンプを使った差動アンプ

**図 5-13** に実際に使われることの多い複数 OP アンプによる差動アンプの例を示します．

**図(a)**は OP アンプを 3 個使ったもっとも一般的で，優れた差動アンプ回路です．$X_1$ と $X_2$ は非反転増幅器ですから入力インピーダンスは大きくなっています．また $X_1$ と $X_2$ の出力インピーダンスは低いので，$X_3$ の＋−の入力インピーダンスが異なってもその影響はごくわずかになります．

雑音や直流ドリフトなどの点から，OP アンプ $X_1$ と $X_2$ にはできるだけ性能のよいものを選び，利得を大きく設計します．また $R_2 = R_3$，$R_4 = R_5$，$R_6 = R_7$ となるように高精度の抵抗を使用します．このとき例えば抵抗値の誤差が 1 ％以上あると，＋入力に対する利得と，−入力に対する利得に 1% 以上の差が生じることになり，*CMRR* は 40 dB 以下になってしまいます．

**図(b)**は OP アンプを 2 個に，抵抗を 4 個に減らした回路です．＋−いずれの入力も非反転増幅器なので，入力インピーダンスは大きくなります．欠点は＋と−の周波数特性が同

〈図 5-12〉
**OP アンプ 1 個の差動アンプ**

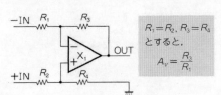

$R_1 = R_2$，$R_3 = R_4$ とすると，

$$A_v = \frac{R_3}{R_1}$$

〈図 5-13〉
現実によく使われる差動アンプ

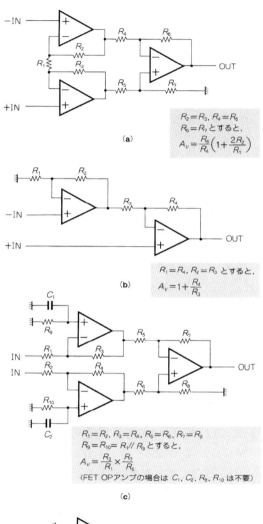

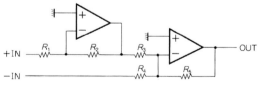

じにならないので，高域での *CMRR* が図(a)よりも劣ることです．また－入力の初段である $X_1$ で利得が大きくできないのでその分，雑音や直流ドリフトが不利になります．

　図(c)は OP アンプを 3 個使った差動アンプで，$X_1$ と $X_2$ が反転増幅器の構成になっています．したがって図(a)にくらべて，入力インピーダンスや熱雑音の点で不利となりますが利点は，電源電圧よりも大きな同相信号が扱えることです．

　例えば $R_1 = R_2 = 100\,\mathrm{k\Omega}$，$R_3 = R_4 = 10\,\mathrm{k\Omega}$，$R_5 = R_6 = 1\,\mathrm{k\Omega}$，$R_7 = R_8 = 100\,\mathrm{k\Omega}$ とし，電源電圧を $\pm 15\,\mathrm{V}$ とすると，$X_1$ と $X_2$ の利得は 1/10 ですから，100 V の同相電圧でも飽和しません．差動利得は $X_3$ が 100 倍のため，トータルで差動利得を 10 倍とすることができます．

　図(d)は図(c)の回路を工夫して，OP アンプ 2 個で構成したものです．

### ● 信号ケーブルの容量分がおよぼす影響が大きい

　差動アンプはコモン・モード雑音を除去することが目的の第一です．したがって入力インピーダンスを高く保つことが重要ですが，信号源インピーダンスが高い場合はその重要性が一層増してきます．とくに周波数が高くなると，信号源と差動アンプを結ぶシールド線の容量が問題になってきます．

　図 5-14 の(a)は，$R_S = 10\,\mathrm{k\Omega}$ の信号源に 3 m のシールド線を使用して差動アンプに接続したケースです．シールド線が 3 m もあると線の容量は 500 pF 程度になり，等価回路にすると図(b)のようになります．差動アンプの入力インピーダンスは 10 MΩ と十分高くなっていますが，周波数が 10 kHz の場合を考えると，シールド線の容量によって入力インピーダンスが低下し，直流では 60 dB あった *CMRR* が 26.3 dB と低下してしまいます．

　図(c)は，10 kΩ の抵抗を－入力に挿入して *CMRR* を補正してみたものですが，それでもケーブルの容量に 100 pF の差があると *CMRR* は 34.5 dB に低下してしまいます．

　このように周波数が高く，信号源抵抗も高い場合にはケーブルの容量が *CMRR* におよぼす影響が大きくなってきます．

### ● ケーブル容量をキャンセルするガード・ドライブ

　信号入力ケーブルのシールド容量をキャンセルする技法がガード・ドライブと呼ばれるものです．シールド・ドライブとも言われます．

　図 5-15 (a)において，交流信号 $V_A$ にコンデンサが接続されています．図(b)はコンデンサのグラウンド側にもう一つの交流信号 $V_B$ を接続した回路です．$V_A$，$V_B$ とも同じ電圧で

## 〈図5-14〉信号ケーブルが *CMRR* に与える影響

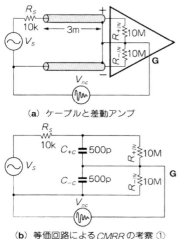

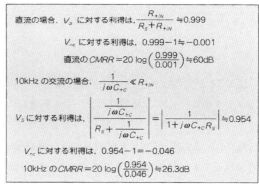

直流の場合，$V_s$ に対する利得は，$\dfrac{R_{+IN}}{R_s+R_{+IN}} \fallingdotseq 0.999$

$V_{nc}$ に対する利得は，$0.999-1=-0.001$

直流の$CMRR=20\log\left(\dfrac{0.999}{0.001}\right)\fallingdotseq 60\mathrm{dB}$

10kHz の交流の場合，$\dfrac{1}{j\omega C_{+c}} \ll R_{+IN}$

$V_s$ に対する利得は，$\left|\dfrac{\dfrac{1}{j\omega C_{+c}}}{R_s+\dfrac{1}{j\omega C_{+c}}}\right|=\left|\dfrac{1}{1+j\omega C_{+c}R_s}\right|\fallingdotseq 0.954$

$V_{nc}$ に対する利得は，$0.954-1=-0.046$

10kHz の$CMRR=20\log\left(\dfrac{0.954}{0.046}\right)\fallingdotseq 26.3\mathrm{dB}$

**(a)** ケーブルと差動アンプ

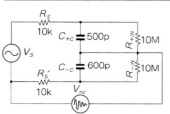

**(b)** 等価回路による*CMRR*の考察 ①

---

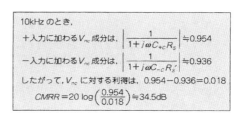

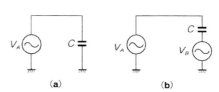

10kHz のとき，

＋入力に加わる$V_{nc}$成分は，$\left|\dfrac{1}{1+j\omega C_{+c}R_s}\right|\fallingdotseq 0.954$

－入力に加わる$V_{nc}$成分は，$\left|\dfrac{1}{1+j\omega C_{-c}R_s'}\right|\fallingdotseq 0.936$

したがって，$V_{nc}$ に対する利得は，$0.954-0.936=0.018$

$CMRR=20\log\left(\dfrac{0.954}{0.018}\right)\fallingdotseq 34.5\mathrm{dB}$

**(c)** 等価回路による*CMRR*の考察 ②

同じ位相の場合はコンデンサの両端の電位差が 0 になるので，コンデンサには電流が流れません．つまり，等価的には容量が 0 になったことと同じになります．

　一方 $V_A$ と $V_B$ の位相差が $180°$ になると，コンデンサの両端の電圧は図(a)に比べて倍の電圧が加わり，電流も倍流れることになり，等価的にコンデンサの容量が 2 倍になったことになります．これはよく説明されるトランジスタのミラー効果と同じ現象です．図5-16 に示すように入力電圧がトランジスタで増幅されるのですが，その位相差が $180°$ あるため，ベース-コレクタ間の容量が等価的に利得倍になるというものです．

〈図 5-15〉
コンデンサを二つの信号でドライブする…シールド容量がキャンセルされる

〈図 5-16〉
ミラー効果…容量が大きく見える

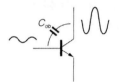

> ベース電圧波形に対してコレクタ電圧波形が逆相で利得倍になっているので $C_{ob}$ が等価的に（1＋利得）倍に見える.

　**図 5-17** が実際のガード・ドライブ回路です．①の点は同相信号 $V_{nc}$ と同位相・同振幅となりますので，$V_{nc}$ による電流はシールド容量には流れません．つまりシールド容量がキャンセルされたことになり，シールド容量による *CMRR* の低下が減少します．

　ただし，このガード・ドライブは同位相・同振幅の信号で入力ケーブルをドライブするため発振しやすい欠点があります．**図 5-17** の $R_G$ は発振を防止するためのもので，システムによって調整します．

## ● さらに同相電圧で電源をドライブすると

　差動アンプの *CMRR* の劣化の原因は，＋側信号と－側信号のアンバランスにあることを説明してきました．先の**図 5-13**(b)の回路で，使用している抵抗がすべてバランスしていれば，アンバランスになる要因がすべて取り除かれたかに見えますが，そうではありません．

　実際には使用している OP アンプの特性が理想的ではないため，*CMRR* の値にも限界があります．注意深く調整しても DC ～ 1 kHz で 100 dB 前後の特性となり，周波数が高くなるにつれ *CMRR* は劣化します．とくにコモン・モード信号で初段の OP アンプのスルーレートが飽和すると，極端な *CMRR* の劣化となります．

　この *CMRR* 劣化の主な原因となっているのが，初段の二つの OP アンプの入力コモン

〈図 5-17〉ガード・ドライブを使った差動アンプ

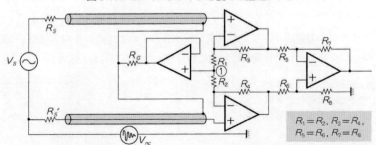

電位による入力特性の変化です．理想的には入力電圧が動作範囲にあれば，OPアンプの入力インピーダンスや利得が変化するはずがないのですが，実際には入力電圧が変化すると，わずかですが入力バイアス電流や入力容量，利得などが変化します．この変化が＋側と－側で異なるため*CMRR*の劣化となります．

そこで**図5-18**に示すように，初段OPアンプの電源電圧を入力コモン電位にしたがって変化させれば，初段OPアンプの動作点は入力コモン電位に依らず一定となります．この結果，二つの入力OPアンプのコモン電位が変化しないのと同じになり，*CMRR*が改善されます．

この電源ドライブを実現したのが**図5-19**です．つぎの5.4節で実際に試作して，特性の改善を実測してみます．

● **メーカ製差動アンプ…計装用アンプ**

最近はOPアンプICメーカから専用の差動アンプが販売されています．インスツルメ

〈図5-18〉
**差動アンプの電源を同相信号で駆動すると**

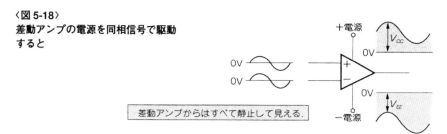

〈図5-19〉
**図5-18を実現した差動アンプ**

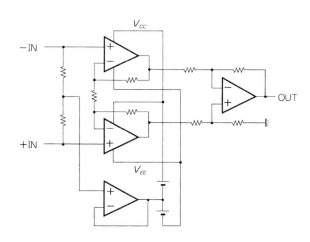

〈図 5-20〉
**メーカ製の差動アンプの構成**
(INA, PGA : バー・ブラウン,
AD : アナログ・デバイセズ)

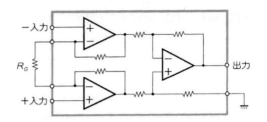

(a) INA101, INA111, INA114, INA115, AD521, AD625
など

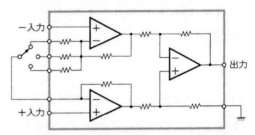

(b) INA102, INA103, INA110, INA120, INA131,
AD524, AD624 など

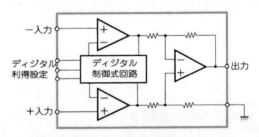

(c) PGA202/203, PGA204/205, AD526 など

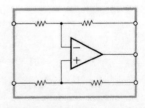

(d) INA105, INA106, INA117

ンテーション・アンプ…計装用アンプとも呼ばれています．これらは，差動用抵抗がすで
に内蔵されていますので，低温度係数の抵抗を別に購入する必要もなく，また1パッケー
ジになっていますので，抵抗の温度バランスが良くとれ，実装面積も小さくできます．

発売されている計装用アンプの構成は，主に図 5-20 に示した4種類です．

図(a)のタイプは利得を決定する $R_G$ を外部に付加する必要がありますが，反面，利得は
自由な値に設定することができます．

図(b)は $R_G$ も内部に複数内蔵されており，ピンの接続法によって利得を決定することが
できますが，設定できる利得は内蔵されている抵抗によって決定されてしまいます．

図(c)は外部からディジタル設定で利得が設定できるタイプで，マイコン（MPU）などと
組み合わせて使用するとき便利になっています．

図(d)は OP アンプが1個内蔵されているだけですが，温度係数の等しい抵抗が内蔵され
ていますので，ほかの OP アンプと組み合わせて使用するとき便利です．

以上のような計装用アンプの利得は初段だけで決定していますので，高利得にすると利
得-周波数特性が悪くなってしまうので注意が必要です．例えば *GBW*：10 MHz の OP アン
プ3個使用して利得 60 dB の差動アンプを構成する場合，初段で 60 dB の利得に設定する
と周波数特性が 10 kHz になってしまいます．初段と次段でそれぞれ 30 dB に設定すれば，
周波数特性を 300 kHz 程度まで伸ばすことができますが次段の利得が1に固定されてい
る計装用アンプではそれができません．

## 5.4 差動アンプの実験

● 製作するプリアンプのあらまし

では，これまでの成果を確認する意味で実際にプリアンプを製作し，実験することにしましょう．図 5-21 が実験する差動プリアンプの回路で，目標とする仕様は表 5-1 のとおりです．

差動増幅器は計装用アンプとして便利な構成になったものも多くありますが，ここでは汎用の FET OP アンプを使用して，どの程度の性能が得られるか実験します．

はじめに行うのは図 5-13 で説明した，OP アンプを 3 個使用したもっとも一般的なものです．

ここで使用した OP アンプ LF356 の仕様を表 5-2 に示します．この OP アンプはナショナル・セミコンダクター社がオリジナルで，10 年以上前に発売されたものです．しかし低雑音で，スルーレート，利得帯域幅 *GBW* とも適度に伸びていますので，100 kHz 以下

〈図 5-21〉 製作する差動アンプ

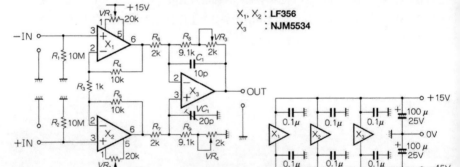

〈表 5-1〉
製作する差動入力アンプの仕様

① 入力形式：平衡差動入力 BNC コネクタ 2 個
② 入力インピーダンス：10 MΩ
③ 入力換算雑音電圧密度：20 nV/√Hz 以下 (100 Hz～100 kHz)
④ 電圧利得：40 dB
⑤ *CMRR*：80 dB 以上 (DC～1 kHz)，60 dB 以上 (1 kHz～100 kHz)
⑥ 利得-周波数特性：DC～100 kHz
⑦ 最大出力電圧：±10 V 以上（正弦波で 7 V$_{rms}$ 以上）
⑧ 出力インピーダンス：1 Ω 以下
⑨ 最大出力電流：±10 mA 以上
⑩ 電源電圧：直流 ±15 V

の周波数範囲で低雑音な FET 入力の OP アンプが必要なときは現在でもよく使用されています.

　ただし雑音特性と直流オフセット電圧-温度ドリフトのばらつきが若干多く（FET 入力 OP アンプには一般的にその傾向がある），実装前にチェックする必要があります．直流オフセット電圧-温度ドリフトが規定された（チップが選別されている）LF356A は価格が 1 桁以上高価です．したがって工数…時間を惜しまない場合には自分で選別して，$X_1$ と $X_2$ に同じ温度特性をもったものを使用すれば温度ドリフトが小さくなり，効果的です．

### ● 回路パラメータの決定の経緯

　OP アンプの入力換算雑音特性は第 1 章ですでに説明してありますが，LF356 の入力換算雑音特性は $12\,\mathrm{nV/\sqrt{Hz}}$ あります．ですから，$R_3 // R_4$ で発生する熱雑音をこの値以下にする必要があります．ここでは $R_3 = 1\,\mathrm{k\Omega}$ としました．

　$R_1$ と $R_2$ は常に直流の信号源が接続されている状態では不要ですが，コンデンサで直流

### 〈表 5-2〉OP アンプ LF356 の仕様

**(a) DC 特性**

| 記号 | パラメータ | 条件 | LF255/6/7 LF355B/6B/7B min | typ | max | 単位 |
|---|---|---|---|---|---|---|
| $V_{OS}$ | 入力オフセット電圧 | $R_S=50\Omega, T_A=25\text{℃}$ | | | 5 | mV |
| | | Over Temperature | | | 6.5 | mV |
| $\Delta V_{OS}/\Delta T$ | Average TC of Input Offset Voltage | $R_S=50\Omega$ | | 5 | | μV/℃ |
| $\Delta TC/\Delta V_{OS}$ | Change in Average TC with $V_{OS}$ Adjust | $R_S=50\Omega$ | | 0.5 | | μV/℃ per mV |
| $I_{OS}$ | 入力オフセット電流 | $T_j=25\text{℃}$ | | 3 | 20 | pA |
| | | $T_j \le T_{HIGH}$ | | | 1 | nA |
| $I_B$ | 入力バイアス電流 | $T_j=25\text{℃}$ | | 30 | 100 | pA |
| | | $T_j \le T_{HIGH}$ | | | 5 | nA |
| $R_{IN}$ | 入力抵抗 | $T_j=25\text{℃}$ | | $10^{12}$ | | Ω |
| $A_{VOL}$ $A_{VOL}$ | 大信号電圧利得 | $V_S=\pm15V, T_A=25\text{℃}$ $V_O=\pm10V, R_L=2k$ | 50 | 200 | | V/mV |
| | | Over Temperature | 25 | | | V/mV |
| $V_O$ | 最大出力振幅 | $V_S=\pm15V, R_L=10k$ | ±12 | ±13 | | V |
| | | $V_S=\pm15V, R_L=2k$ | ±10 | ±12 | | V |
| $V_{CM}$ | 同相入力電圧幅 | $V_S=\pm15V$ | ±11 | +15.1 / −12 | | V |
| $CMRR$ | 同相電圧除去比 | | 85 | 100 | | dB |
| $PSRR$ | 電源電圧除去比 | | 85 | 100 | | dB |

**(b) AC 特性**

| 記号 | パラメータ | 条件 | | 単位 |
|---|---|---|---|---|
| $SR$ | スルーレート | $LF155/6 : A_V=1$ | 12 | V/μs |
| $GBW$ | ゲイン・バンド幅積 | | 5 | MHz |
| $T_s$ | セトリング・タイム | 0.01 % | 1.5 | μs |
| | | $R_S = 100\,\Omega$ | | |
| $e_n$ | 等価入力雑音電圧 | $f=100\,\mathrm{Hz}$ | 15 | nV/√Hz |
| | | $f=100\,\mathrm{Hz}$ | 12 | nV/√Hz |
| $i_n$ | 等価入力雑音電流 | $f=100\,\mathrm{Hz}$ | 0.01 | nV/√Hz |
| | | $f=100\,\mathrm{Hz}$ | 0.01 | nV/√Hz |
| $C_{IN}$ | 入力容量 | | 3 | pF |

▲ (b) AC 特性　（LF156/256/356/356B, typ.）

◀ (a) DC 特性

がカットされた信号源が接続された場合や入力がオープンにされた場合の静電気対策のため使用しています.

出力の OP アンプには出力電流が多く流せる NJM5534 とします. $C_1$ とトリマ・コンデンサ $VC_1$ は＋入力と－入力の周波数特性を一致させて，高域での $CMRR$ を改善するために使用しています. $C_1$ はまた，NJM5534 が低利得のときに高域にピークができるので，これを抑える役目もしています.

$VR_3$ は利得を調整するためのもの，$VR_4$ は低域での $CMRR$ を調整するために使用しています.

なお，この種のアンプでは利得を決定する抵抗の温度係数が $CMRR$ の温度特性に大きな影響を与えますから，ここには低温度係数の金属皮膜抵抗を使用します.

● 試作した差動アンプの利得-周波数特性

**図 5-22** が製作した差動プリアンプの利得・位相-周波数特性です（p.126）. 約 200 kHz

〈写真 5-1〉
方形波応答波形

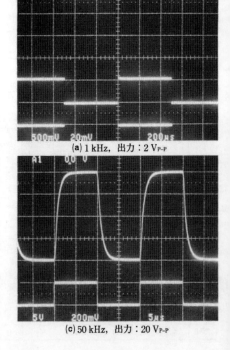

(a) 1 kHz，出力：2 V$_{P-P}$

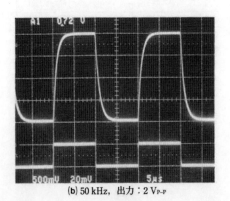

(b) 50 kHz，出力：2 V$_{P-P}$

(c) 50 kHz，出力：20 V$_{P-P}$

で−3dB の減衰となっていますが，これは利得帯域幅 *GBW* が 5 MHz の LF356 を利得 20 倍で使用しているためです.

　**写真 5-1** が方形波入力に対する応答特性です. いずれも高域の周波数特性がなだらかに減衰しているためピークは発生していません. スルーレートの制限を受ける前に高域特性が *GBW* により低下するため，**写真(b)**，**写真(c)**に見られるように小振幅と大振幅の方形波応答が相似形になっています.

　**写真 5-2** が立ち上がり特性です. 高域特性が−6 dB/oct に近いため，立ち上がり時間 1.9 μs から求められる−3 dB 減衰周波数 184 kHz と**図 5-19** の特性がほぼ一致しています.

　−3 dB しゃ断周波数＝0.35/立ち上がり時間

## ● 試作した差動アンプの *CMRR* 特性

　*CMRR* を測るために**図 5-11** の(a)に示した接続で，同相利得-周波数特性を計測した結果が**図 5-23** です. *CMRR* は，

　*CMRR* ＝差動利得/同相利得

から求められるので，**図 5-22** と**図 5-23** から**図 5-24** の *CMRR* 特性が得られます.

　また，信号源抵抗 $R_S$ の値を変えたときの同相利得-周波数特性を測定したのが**図 5-25** です. 信号源抵抗が大きくなると，＋入力と−入力の入力抵抗の違いによって低域の同相利得が低く抑えられなくなり，また入力容量の違いにより，高域の同相利得が低く抑えられなくなって，*CMRR* は悪化します.

〈写真 5-2〉
方形波応答の立ち上がり波形

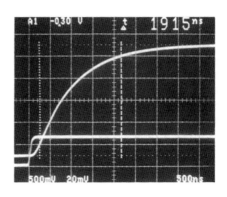

〈図 5-22〉
製作した差動アンプの差動利得・位相-周波数特性

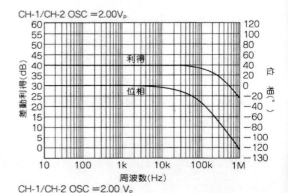

〈図 5-23〉
製作した差動アンプの同相利得-周波数特性

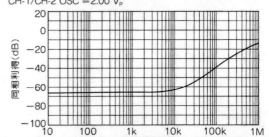

〈図 5-24〉
製作した差動アンプの *CMRR*-周波数特性

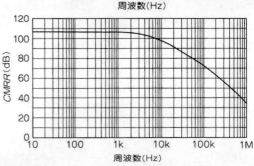

〈図 5-25〉
信号源抵抗 $R_S$ の値を変えたときの同相利得-周波数特性

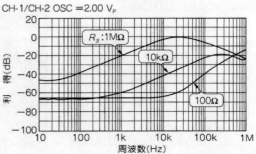

## ● 雑音およびひずみ特性は

図 5-26 が入力ショートのときの入力換算雑音-周波数特性です．100 Hz 以下で 1/f 雑音が現れ増加しているのがわかります．1kHz では $19 \, nV/\sqrt{Hz}$ となっています．

製作した図 5-21 の差動アンプでは初段に二つの OP アンプが使用され，ここから発生した雑音が加算されるので，入力換算雑音が $\sqrt{2}$ 倍になります．LF356 の入力換算雑音電圧の仕様が $12 \, nV/\sqrt{Hz}$ なので $\sqrt{2}$ 倍すると $17 \, nV/\sqrt{Hz}$ になり，図 5-26 で示した 1kHz での $19 \, nV/\sqrt{Hz}$ はだいたい納得できる値です．

図 5-27 は入力に直列抵抗を挿入して雑音特性をとったものです（縦軸が 1 nV を 0 dB とする dB 値となってるので注意）．抵抗で発生する雑音は第 1 章でも述べたように抵抗値の平方根に比例し，入力容量と抵抗で決定されるしゃ断周波数は抵抗値に反比例します．そのため高域では入力抵抗が大きいほうが雑音が少ないという結果になっています．もちろん高域で雑音が低下しているところでは信号も同じだけ低下しているので，ノイズ・フィギュア *NF* が良くなることはありません．

図 5-28 は入力抵抗 $10 \, M\Omega$，入力容量 $30 \, pF$，入力電流雑音は LF356 のデータシートか

〈図 5-26〉
**入力ショート時の入力換算雑音電圧密度-周波数特性**

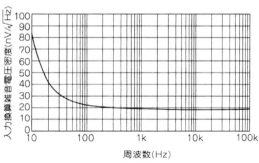

〈図 5-27〉
**信号源抵抗 $R_s$ の値を変えたときの入力換算雑音電圧密度-周波数特性**

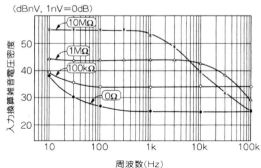

〈図 5-28〉
図 5-26 のデータから求めたノイズ・
フィギュア・チャート

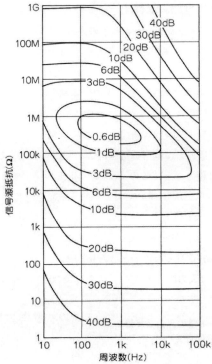

〈図 5-29〉
ひずみ-出力振幅特性（1 kHz のとき）

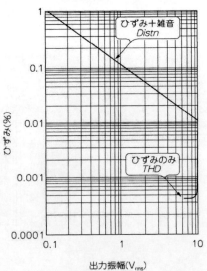

ら 0.01 pA/√Hz, 入力換算雑音電圧は**図 5-26** のデータを素にパソコンで計算を行ったノイズ・フィギュア・チャートです. *NF* は信号源抵抗が 100 k ～ 1 MΩ 付近がいちばん低くて 0.6 dB となっています.

第1章で試作したバイポーラ OP アンプによるデータに比べると, 入力インピーダンスが高いので, 信号源抵抗が高くても信号が減衰しないため, 信号源抵抗の高いところで *NF* が良くなっています.

ただし, 信号源抵抗が低いところではバイポーラ OP アンプによるものと比べて入力換算雑音電圧が大きいため *NF* は悪くなっています.

**図 5-29** は周波数 1 kHz におけるひずみ特性です. ほぼ雑音によって特性が決まり, 高調波ひずみは検出されていません.

**図 5-30** は出力電圧が 7 V<sub>rms</sub> のときのひずみ-周波数特性です. 10 kHz を越えると負帰還量が減るため高調波ひずみが増加してきます.

## ● 電源ブーストによる *CMRR* の改善を確かめると

**図 5-18** に示したように, 差動アンプの電源を入力信号の同相信号で駆動すれば, 差動アンプは等価的に同相信号が除去されたことになり *CMRR* 特性が改善されます. この原理を実現したのが**図 5-31** です.

〈図 5-30〉
**ひずみ-出力振幅特性**(出力を 7 V<sub>rms</sub>
としたとき)

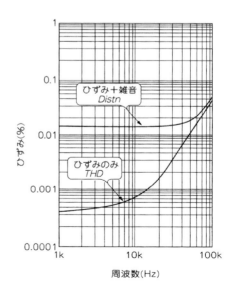

**〈図 5-31〉電源をコモン・モード・ドライブする差動アンプの構成**

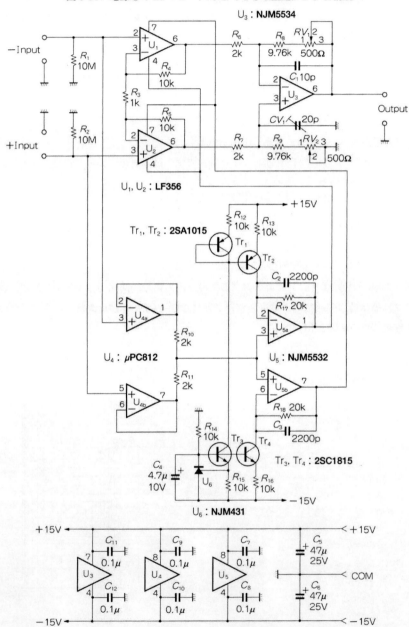

〈図5-32〉
差動アンプの形式による *CMRR*
の改善度

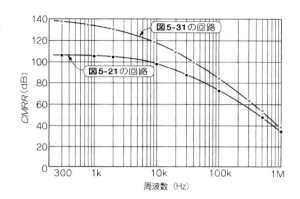

　差動増幅器の入力インピーダンスを高く保つために $U_4$ の OP アンプでバッファした後,
$R_{10}$ と $R_{11}$ で同相信号を検出しています. $Tr_3$ と $Tr_4$ の回路はコレクタ電流が常に 0.25 mA
になる定電流源です. したがって, $R_{17}$ と $R_{18}$ には常に 0.25 mA の電流が流れ, 電位差は 5
V で一定となります.

　$U_{5B}$ の＋入力は同相信号なので, $U_{5a}$ の出力は常に同相信号よりも 5 V 高い電圧となり,
この出力を $U_1$ と $U_2$ の正電源として使用しています. $U_{5a}$ は逆に, 同相信号よりも 5 V 低
い電圧となり負電源として使用します.

　図5-32 に示すのが *CMRR* の改善結果です. 低い周波数では 30 dB も改善されているこ
とがわかります.

# 第6章

# 安全対策の決め手

# アイソレーション・アンプを使おう

　信号はいつもグラウンド・ラインに対して発生するわけではありません．大きなコモン・モード電圧の上に信号成分が乗っているケースがあります．あるいは安全性のために，グラウンドから電気的に浮かせたいというケースもあります．そんなとき使うのがアイソレーション・アンプです．やや特殊なアンプですが，産業用機器や医用機器などでは重要なパーツになっています．

## 6.1　アイソレーション・アンプの効果

### ● アイソレーション・アンプとは

　アイソレーション・アンプ（以後 ISO アンプと称する）とは，入力と出力との間が電気的に絶縁されたアンプのことです．OP アンプほど一般的ではありませんが，計測機器や医療用機器，電力用機器などの産業用機器に多く使用されています．

　OP アンプでは当然のことですが，**図 6-1** に示すように入力信号のグラウンドと負荷（出力）のグラウンド電位が異なると，電位差によって電流が流れてしまいまともに使用できません．電位の異なる信号源と負荷の間で増幅できる素子として考案されたのが ISO アンプです．

　ISO アンプは**図 6-2** に示すように入出力間が電気的に絶縁されているので，電位の異なった回路間に挿入しても，グラウンド間に電流が流れることなく，信号を増幅・伝達することができます．

〈図6-1〉
OP アンプは信号源と負荷の電位
が異なると使えない

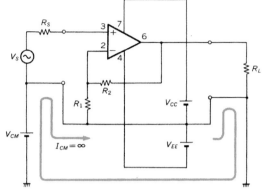

〈図6-2〉
ISO アンプによる信号の増幅

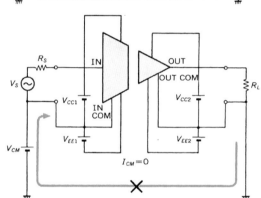

入出力が絶縁されているので $V_{CM}$ による電流（$I_{CM}$）が流れない．
$V_{CM}$ に影響されることなく，$V_S$ のみを増幅できる．

## ● 異なる電位の信号を処理する

たとえば温度センサである熱電対を多チャネル使用する場合，**図6-3** に示すように被測定体が金属で，それぞれが異なった電位になっていることはよくあります．このようなとき各入力がそれぞれ電気的に絶縁されていないと，センサを接続したとき，各被測定体同士は短絡してしまうことになります．

このため多チャネルの熱電対温度計では，それぞれの入力部分を絶縁して，異なった電位の多点の信号でも安全に計測できるようになっています．

温度計に限らず，いろいろな信号を多チャネル計測・収集する場合は，入力部に ISO アンプを使用するようにしておくと，各信号源のグラウンド電位を気にすることなく接続することができます．

〈図6-3〉多チャネルの温度計測

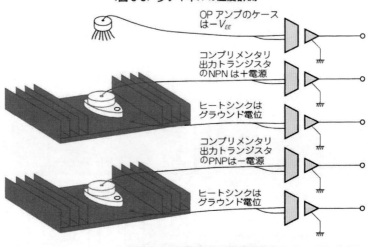

OPアンプのケース
は−$V_{EE}$

コンプリメンタリ
出力トランジスタ
のNPNは＋電源

ヒートシンクは
グラウンド電位

コンプリメンタリ
出力トランジスタ
のPNPは−電源

ヒートシンクは
グラウンド電位

実際には部品コストからリレーでマルチプレクスし
ISOアンプを1個にする例が多い

　多チャネルの増幅器の出力を，自由に接続して使用したいときも同様です．**図6-4**は多相発振器の出力にアイソレーション…絶縁された電力増幅器を接続し，デルタ結線の計測・試験用三相電力信号源を構成した例です．出力トランスを使用しても同じような処理は可能ですが，ISOアンプならトランスにくらべて軽量ですし，負荷変動に強く，広帯域で位相誤差が少なく，直流から精度の良い電力信号を得ることができます．

〈図6-4〉
デルタ結線の3相電力信号源

ISO電力増幅器×3

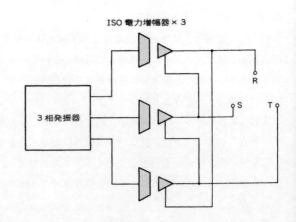

3相発振器

R

S　　T

## ● グラウンド・ループを切断する

　第5章の差動アンプでも説明しましたが，センサなどからの信号を増幅する場合，信号のグラウンド点と負荷のグラウンド点の間に雑音による電位 $V_{CM}$（コモン・モード雑音）が生じることは結構多いものです．すると**図 6-5** に示すように，コモン・モード雑音によりグラウンド・ループに電流が流れ（$I_{CM1}$, $I_{CM2}$），信号ケーブルのインピーダンスなどによって信号源 $V_S$ に雑音電圧が混入してしまうことになります．

　このようなときでも ISO アンプを使用すると，**図 6-6** に示すように入力と出力間が絶縁されているためコモン・モード雑音による電流が流れなくなり，コモン・モード雑音が信号に混入するのを防ぐことができます．

　また ISO アンプは差動アンプと異なり，コモン・モード雑音電圧が絶縁耐圧（数十 V ～数百 V）で決定されるので，一般には信号入力電圧範囲よりもずっと大きな値が許容できます．

〈図 6-5〉
**コモン・モード雑音のおよぼす影響**

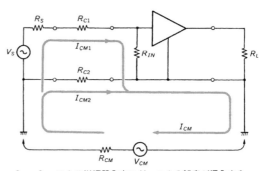

$I_{CM1}$, $I_{CM2}$ により増幅器入力に $V_{CM}$ による雑音が混入する．

〈図 6-6〉
**ISO アンプを使用するとコモン・モード電圧の影響が防げる**

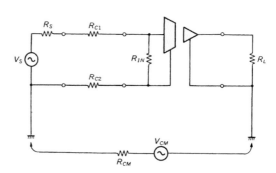

## ● 安全を保証し誤動作や事故拡大を防ぐ

　医療用の電子機器では，センサを患者に接触させて計測を行います．このとき機器の故障などで患者が感電したりしては大変です．このため電源入力部などの基礎絶縁のほかに，患者に触れる装着部と内部回路に絶縁部を設け，二重の絶縁を行います．この二重絶縁のためによく用いられるのが ISO アンプです（**図 6-7**）．

　JIS の医用電気機器の安全通則によると，装着部の漏れ電流は使用している最高定格電源電圧の 110 ％の電圧を加えて計測し，10 μA 〜 500 μA 以内であることが機器の種類により規定されています．

　したがって，この場合にはたんに信号のアイソレーションをするだけでなく，規定の漏れ電流を確保するために，高いアイソレーション・インピーダンスと信頼性や安全性の確保が重要な要素となります．

　発電所や変電所の監視装置などでは，万一の事故に備えてシステムを2重化するなどして安全性を高めていますが，アイソレーションもその中の重要な手法です．たとえば天災による送電線の地絡・短絡や雷などによるコモン・モードの大電流を，電気的に絶縁することによって，監視装置の誤動作や機器破壊が拡大するのを防いでいます．

## 6.2　アイソレーション・アンプのしくみ

## ● ISO アンプの内部構成

　ISO アンプは OP アンプなどにくらべるとちょっと高価ですが，モジュールとして各メーカから多くの種類が発売されています．その構成を**図 6-8** に示します．

　**図(a)**はもっとも一般的なもので，入出力間が絶縁されています．ただし，電源は内蔵されていません．外部に入力部/出力部それぞれにグラウンドが絶縁された電源を供給する必要があります．この種のモジュールは，装置間を接続するとき，電源がほかの回路用に用意されている場合に価格が安くなる利点があります．

〈図 6-7〉
**医療用電子機器では二重絶縁が必要**

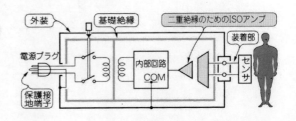

〈図 6-8〉いろいろな ISO アンプ

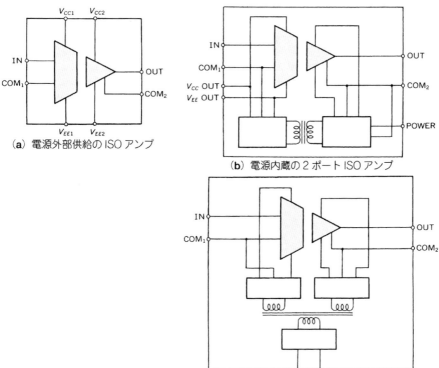

（a）電源外部供給の ISO アンプ

（b）電源内蔵の 2 ポート ISO アンプ

（c）電源内蔵の 3 ポート ISO アンプ

　図(b)は電源が内蔵されているタイプですが，電源のグラウンドが出力部と同電位になっています．モジュール内部には絶縁された電源が内蔵されていて，入力部に供給しています．なお，入力部から電源が出力され，信号増幅用 OP アンプに供給できるようになっているタイプもあります．

　図(c)は 3 ポート ISO アンプと呼ばれるタイプです．入力部と出力部と電源部のそれぞれのグラウンドがアイソレーションされています．したがって，それぞれを異なった電位のグラウンドに接続することができます．

　なお，図 6-8 ではすべて不平衡入力で示しましたが，もちろん差動入力タイプのものもあります．

## ● トランスを使用した ISO アンプ

　トランスはいちばん歴史のあるアイソレーション・デバイスです（**写真 6-1**）．磁束によるアイソレーション素子といえます．周波数範囲は広く，ダイナミック・レンジが広く，電力も伝送できる理想的な素子です．経年変化が少ないのも特徴です．しかし形状が大きく，大量生産にはあまり適さないので最近は若干敬遠されています．

　ただし当然のことですが，トランスは直流を伝送することはできません．直流領域で使用したいときは信号をいったん交流…変調してからトランスを通し（アイソレーションし），復調することになります．

　ISO アンプに使用される変調には，振幅変調（AM），周波数変調（FM），パルス幅変調（PWM）などがあります．**表 6-1** にトランスを使用した ISO アンプの主なものを示しておきます．

### ▶ 振幅変調/同期検波方式

　**図 6-9** は振幅変調/同期整流（AM）方式 ISO アンプのブロック図です．図の発振器は直流電源からキャリア信号を発生すると共に，トランスで絶縁して入力部に電力を供給して

〈**写真 6-1**〉
**ISO アンプに使われているトランスの一例**

〈**表 6-1**〉トランスを使った ISO アンプの一例

| 型　名 | 絶縁電圧 ($V_{rms}$) | IMRR @60 Hz (dB) | 絶縁 容量 (pF) | 絶縁 抵抗 (Ω) | 直線性 (%) | 出力電圧範囲 (V) | 上限周波数 (kHz) | フルパワ一帯域幅 | 電　源 (V) | メーカ |
|---|---|---|---|---|---|---|---|---|---|---|
| ISO213P | 1500 (連続) | 115 (利得：1) | 15 | $10^{10}$ | ± 0.025 | ± 5 | 1 | 200 Hz | 電源内蔵 +15 | BB |
| AD210AN | 2500 (連続) | 120 (利得：100) | 5 | $5 \times 10^{9}$ | ± 0.025 | ± 10 | 20 | 16 kHz | 電源内蔵 +15 | AD |
| AD202K | 1500 (連続) | 105 (利得：1) | 5 | － | ± 0.025 | ± 5 | 2 | 2 kHz | 電源内蔵 +15 | AD |

います．いわゆる DC-DC コンバータを共用されることが多いようです．変調/同期整流
に使うスイッチ SW には，アナログ・スイッチやダイオード・スイッチが使用されます．

入力した信号Ⓐは，まず非反転波形と反転波形に変換され，$SW_1$ によりキャリア信号
Ⓑの波形に振幅変調されます．この変調された交流波形はバッファを通った後，トランス
で絶縁されて，Ⓒ，Ⓓに導かれます．Ⓒはそと同じ波形ですが，Ⓓは反転された波形とな
っています．

ⒸとⒹの変調波形は $SW_1$ のキャリアと同じキャリアで $SW_2$ により同期検波され，Ⓔの
波形に復調されます．ただし，$SW_2$ の直後ではトランスや SW などによる時間差や漏れ
によりキャリア・パルスが重畳されているので，ローパス・フィルタを通してキャリア成分
を除去します．すると入力波形と同じ波形Ⓕが再生されます．

▶ パルス幅変調方式

図 6-10 はパルス幅変調（PWM）方式 ISO アンプのブロック図です．$X_1$ と $X_2$ はファン
クション・ジェネレータの基本回路としてよく知られている弛緩発振器と呼ばれるもので
す．$X_1$ は積分器として，$X_2$ は正帰還が施されたコンパレータとして動作します．そして
$X_2$ は正または負の飽和電圧 $\pm E_c$ を出力し，入力電圧が $\pm E_c \times (R_3 / R_4)$ を越えると反転

〈図 6-9〉振幅変調/同期検波方式による ISO アンプの構成

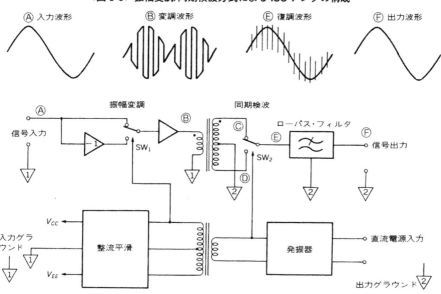

します.

　たとえば入力信号が0の場合，$X_2$ の出力が正の飽和電圧 $+E_C$ の状態とすると，$X_1$ の積分器は $E_C / (R_2 \times C_1)$ の速度で下降します．そして $X_1$ の出力が $- E_C \times (R_3 / R_4)$ の電圧よりも下がると，今度は $X_2$ の出力は反転して，$X_1$ は $E_C / (R_2 \times C_1)$ の速度で上昇に転じます.

　このような動作を繰り返して，$X_2$ の出力にはデューティが1:1の方形波が発生します.

　次に入力に正の電圧 $E_S$ が加わると，$X_1$ の出力は下降が $(E_C + E_S) / (R_2 \times C_1)$，上昇が $(E_C - E_S) / (R_2 \times C_1)$ となり，$X_2$ の出力には信号入力電圧 $E_S$ に比例したパルス幅の方形波が得られます.

　得られたパルス幅の信号は $C_2$ とトランスの1次インダクタンスで微分され，Ⓒの波形がトランスで絶縁され伝達されます.

　そして $D_1$ と $Q_1$，$D_2$ と $Q_2$ によってそれぞれが立ち上がり，立ち下がりパルスが $X_3$ と $X_4$ で構成されたフリップフロップをドライブして，ⒻにはⒷと同じデューティの方形波が復調されます.

　この方形波をローパス・フィルタに入力して，キャリア成分を取り除いて直流成分だけを抽出します.

　なお，この方式は信号成分にくらべてキャリア成分が多いので，フィルタには高次のものを使用するか，信号周波数とキャリア周波数の比を大きくする必要があります.

〈図6-10〉パルス幅変調方式による ISO アンプ

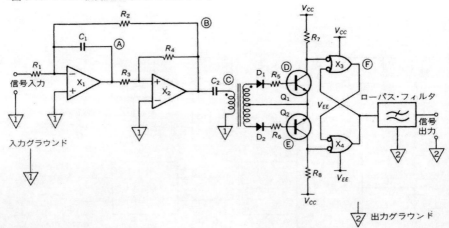

● **フォト・カプラを使用した ISO アンプ**

　フォト・カプラは発光素子と受光素子が一つのパッケージに封入された，光を利用したアイソレーション・デバイスです（**写真 6-2**）．トランスと違って直流から信号を伝送することができ，小型化が可能なため各メーカは競って開発を進めています．しかし，トランスに比べると下記の問題が残されています．

① リニアリティが悪い

② 温度による特性の変化が大きい

③ 経年変化による特性の変化がある

④ 電力伝送の効率が非常に悪い

　フォト・カプラを ISO アンプに利用すると，直流から信号が伝送できるため，トランスのときのように変調・復調の必要がなく，回路が簡単になります．しかし，フォト・カプラのままではひずみが多く，リニアな ISO アンプとしては使用できません．

〈写真 6-2〉
ISO アンプに使用するフォト・カプラ

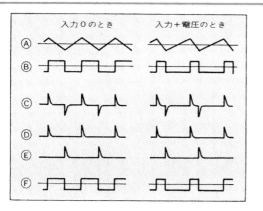

〈表6-2〉フォト・カプラを使ったISOアンプの一例

| 型名 | 絶縁電圧 (V_rms) | IMRR @60Hz (dB) | 絶縁 | | 直線性 (%) | 出力電圧範囲 (V) | 上限周波数 (kHz) | フルパワ一帯域幅 | 電源 (V) | メーカ |
|---|---|---|---|---|---|---|---|---|---|---|
| | | | 容量 (pF) | 抵抗 (Ω) | | | | | | |
| ISO100AP | 750* (連続) | 108 (利得：100) | 2.5 | $10^{12}$ | ± 0.1 | ± 10 | 60 | 5 | 入力側：± 15 出力側：± 15 | BB |
| CA701R2 | 2000 (1分間) | 110 (利得：1) | 1.5 | $10^7$ | ± 0.025 | ± 10 | 20 | 10 | 入力側：± 15 出力側：± 15 | NF |
| HCPL7800 | 3750 (1分間) | 140 (利得：8) | 0.7 | $10^{13}$ | ± 0.2 | 1.18 〜 3.61 | 85 | — | 入力側：+ 5 出力側：+ 5 | HP |

＊：$V_{prak}$

そこで一般には同一特性のものを2個使用し，負帰還によって特性を補正して，リニアなISOアンプを実現しています．この方式についてはAppendixで試作して説明します．

また，最近ではアナログ信号をディジタル信号に変換してからフォト・カプラでアイソレーションしたISOアンプも登場しています．これらは，アナログ信号をいったん $\Delta\Sigma$ 変調してからフォト・カプラで伝送しているため，フォト・カプラでの非直線性や経年変化，直流ドリフトなどから逃れることができます．しかし，付加回路として変調/復調/ローパス・フィルタが必要になるので回路としては複雑になります．

フォト・カプラを使用したISOアンプの製品としては**表6-2**のようなものがあります．

● コンデンサを使用したISOアンプ

微小容量…コンデンサをアイソレーション・デバイスとしたユニークなISOアンプも発売されています（**図6-11**）．微小容量コンデンサは直流〜低周波はしゃ断しますが，高周波なら通すことができます．

微小容量のコンデンサは，トランスやフォト・カプラにくらべて製造が容易な点が特徴

〈図6-11〉コンデンサを使ったISOアンプ… ISO102の構成

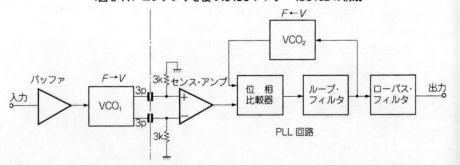

〈表6-3〉コンデンサを使った ISO アンプの一例

| 型 名 | 絶縁電圧 (V_rms) | IMRR @60 Hz (dB) | 絶縁 | | 直線性 (%) | 出力電圧範囲 (V) | 上限周波数 (kHz) | フルパワ一帯域幅 (kHz) | 電 源 | メーカ |
|---|---|---|---|---|---|---|---|---|---|---|
| | | | 容量 (pF) | 抵抗 (Ω) | | | | | | |
| ISO121BG | 3500 (連続) | 115 (利得：1) | 2 | $10^{11}$ | ± 0.01 | ± 10 | 60 | 32 | 入力側: ± 15 出力側: ± 15 | BB |
| ISO107 | 2500 (連続) | 100 (利得：1) | 13 | $10^{12}$ | ± 0.025 | ± 10 | 20 | 20 | 電源内蔵 ± 15 | BB |

ですが，容量はアイソレーション・インピーダンスを高く保つために大きくできません．また，この容量にアイソレーション・モードの雑音が加わるため，回路構成にはかなりの工夫が必要です．メーカでは微小容量を2個差動にして使用することにより，さまざまな問題点を解決しているようです．

　図**6-11**に示したものは，アイソレーションのために *V-F/F-V* コンバータによる周波数変調方式を使っています．周波数変調は広範囲ですから VCO の直線性を良くするのは難しいのですが，変調器と復調器に特性のそろった VCO を使用して，非直線性を補正しています．

　コンデンサを使用した ISO アンプの製品としては**表6-3**のようなものがあります．

## 6.3　アイソレーション・アンプの特性

### ● ISO アンプを選ぶときのポイント

　ISO アンプでは入力-出力間を絶縁するために，電気信号をいったん磁気や光など他のエネルギに変換してから再び電気信号に変換しています．したがって OP アンプなどと同等の特性を要求するのは一般に難しく，良い特性を出すにはさまざまな工夫が必要となります．

　市販されている ISO アンプの各モジュールは，方式によりそれぞれ長所/短所があります．とくに，

① 出力雑音

② 直流オフセット電圧の温度ドリフト

③ 大出力周波数特性

などは見逃しやすいので，実際に使用する際にはデータシートを細かく検討することが重要です．

　価格も ISO アンプは OP アンプにくらべると高価です．全体のシステム構成を含めて，
どこをどうアイソレーションするかを十分に検討する必要があります．

### ● アイソレーション・モード雑音除去特性 *IMRR*

　ISO アンプはコモン・モード雑音から逃れる目的で使用することが多いのですが，これ
でコモン・モード雑音がすべて除去できるかというと，そうではありません．

　ISO アンプのコモン・モード雑音除去能力を表すのがこの *IMRR*（Isolatin Mode
Rejection Ratio）です．

　ISO アンプでは**図 6-12** に示すように，差動アンプのときの *CMRR* …同相成分除去比と
同様に，ノーマル・モードの利得とアイソレーション・モードの利得の比で表します．通常
の ISO アンプは，商用電源周波数範囲 50 Hz ～ 60 Hz において 100 dB 以上確保されてい
るようです．差動入力タイプの ISO アンプでは，*IMRR* とは別に *CMRR* も規定されてい
ます．

　差動アンプの *CMRR* は，信号源インピーダンスが高いと入力インピーダンスや浮遊容
量のバラツキで *CMRR* の値が低下してしまう傾向があります．実動状態でデータシート
と同じ高い *CMRR* 値を確保することは難しいのですが，*IMRR* にはその心配はありません．
高インピーダンスの信号源でも，効果的にコモン・モード雑音の除去を期待することがで
きます．

〈図 6-12〉ISO アンプの *IMRR* と *CMRR*

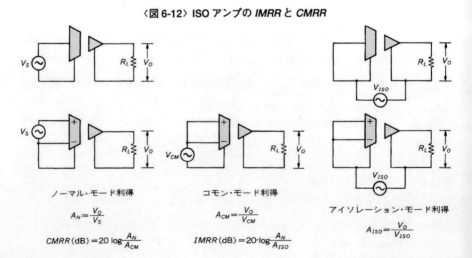

ノーマル・モード利得

$$A_N = \frac{V_O}{V_S}$$

$$CMRR\,(\mathrm{dB}) = 20 \log \frac{A_N}{A_{CM}}$$

コモン・モード利得

$$A_{CM} = \frac{V_O}{V_{CM}}$$

$$IMRR\,(\mathrm{dB}) = 20 \cdot \log \frac{A_N}{A_{ISO}}$$

アイソレーション・モード利得

$$A_{ISO} = \frac{V_O}{V_{ISO}}$$

　また ISO アンプではコモン・モード雑音電圧の値も絶縁耐圧まで使用可能ですから，差動アンプに比べてずっと大きな電圧まで許容できることになります．

### ● アイソレーション・インピーダンス

　ISO アンプは入出力間が絶縁されていますが，入出力間を無限大のインピーダンスにするのは不可能です．この絶縁インピーダンスを規定しているのがアイソレーション・インピーダンスです．このインピーダンスが低いとコモン・モード電圧によって雑音電流…コモン・モード電流が流れてしまうので，できるだけ大きいことが望まれます．

　アイソレーション・インピーダンスは抵抗値と容量値の二つで規定されていますが，とくに容量値に注意する必要があります（**図6-13**）．絶縁抵抗値は一般に 1 G ($10^9$) Ω以上になっていますが，容量値はモジュールによってさまざまです．

　たとえば 10 pF の容量は，周波数 10 kHz ではインピーダンスが約 1.6 MΩ となります．抵抗値に比べるとずっと低い値です．コモン・モード雑音に対するアイソレーション・イン

〈図6-13〉
**ISO アンプでも浮遊容量で漏れ電流が流れる**

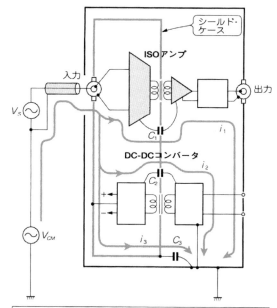

$C_1$：ISOアンプの絶縁容量
$C_2$：DC-DCコンバータの絶縁容量
$C_3$：1次側シールド・ケースと2次側ケースの絶縁容量

ピーダンスは，ほとんど容量で決定されるといってよいくらいです．

したがって，コモン・モード雑音電流もアイソレーション容量により左右されることになります．

またプリント基板などに実装した状態でのアイソレーション容量は，ISO アンプ・モジュール単体よりも，プリント板パターンや配線，シールド・ケースなどによる浮遊容量のほうが大きくなってしまうので，実装にはとくに注意が必要です．

別電源を使用するときは，電源の入出力容量も同様に注意が必要です．

### ● ISO アンプの絶縁耐圧

高圧部分に使用するときなど，入出力間に連続して高電圧が加わるときは絶縁耐圧が重要となります．

絶縁耐圧はモジュールによって，連続，1分間，実効値，ピーク値それに直流での値，交流での値とさまざまに規定されています．また，交流でも周波数が高くなると絶縁耐圧が低くなるので注意が必要です．絶縁耐圧は一般には，トランスによってアイソレーションされているモジュールのほうが優れているようです．

連続して高電圧のかかるところに使用される ISO アンプを長期間使用するときは，実際に購入してコロナ放電開始電圧などを十分調査した後，採用する必要があります．コロナ放電は普通は 1kV 程度で発生しはじめますが，導電部の形状（とがっていると発生しやすい）や絶縁材によって開始電圧が異なります．

コロナが発生すると，次第に絶縁破壊が進行します．連続で使用する場合は，コロナ発生電圧に対して十分余裕をもった耐圧のものを使用する必要があります．

コロナ発生の有無は，簡単には図 **6-14** のようにオシロスコープでモニタすることができます．コロナが発生すると，非常に細いパルス状の波形が観測できます．非常に細いパルスなので，オシロスコープの輝度を十分上げて観測する必要があります．

### ● ISO アンプの周波数特性

ISO アンプの周波数特性は，一般に OP アンプほど広帯域ではありません．数 kHz から数十 kHz のモジュールが多いようです．これは絶縁するために変復調を行っているのが原因です．変復調によるトランス方式に比べると，フォト・カプラをリニアに使用したもののほうが比較的広帯域になっています．

変復調回路を内蔵したモジュールの中には，応答を速くするために復調時のリプルが完

〈図6-14〉
コロナ放電の検出法

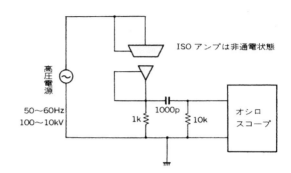

全に除去されていないものもあります．これらは高 *S/N* の必要があるときは，外部にフィルタを付加することを推奨しているものもあります（**図6-15**）．また帯域を制限するために外部にコンデンサを付加できる端子をもったモジュールもあります．

　このように，変復調タイプの ISO アンプはとくに周波数特性とダイナミック・レンジがトレードオフの関係になっています．高ダイナミック・レンジが必要な場合は ISO アンプの出力に必要な帯域だけを通過させるローパス・フィルタを付加すると出力雑音が減り，好結果が得られます．もちろん帯域が狭いほど，高ダイナミック・レンジが得られます．

### ● ISO アンプの直線性

　直線性誤差というのは，入力電圧の値によって ISO アンプの利得が変化してしまうことです．直流において理想直線からのずれで最大のものを，出力フルスケールの p-p 値に対する百分率で表します．

　この直線性は直流オフセットと違い，調整してゼロにすることはできないので，ISO アンプの確度…精度はこの値以下にはならないことになります．

　直線性は一般には，トランスを使用した変復調タイプの ISO アンプのほうが，フォト・カプラのものにくらべて優れています．しかし，それでも0.01 〜 0.1％くらいですから，一般の OP アンプに比べると大きな値です．

　**図6-16** に直線性を計測する比較的簡単な回路を示します．利得調整とオフセット調整のボリュームを回して Y 軸の電圧が最小になるように調整し，最小になったら *X-Y* レコーダのペンを下ろして記録します．

### ● ISO アンプの雑音

　周波数特性のところでも説明したように，ISO アンプの出力にはランダム・ノイズのほ

## 〈図6-15〉ISOアンプにはポスト・フィルタが必要

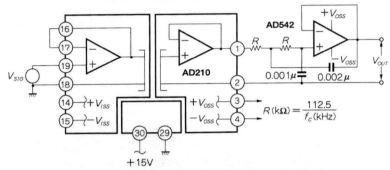

$$R(\text{k}\Omega) = \frac{112.5}{f_c(\text{kHz})}$$

（a）2ポール出力フィルタ（アナログ・デバイセズ）

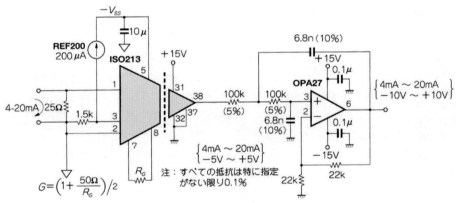

$$G = \left(1 + \frac{50\Omega}{R_G}\right) / 2$$

注：すべての抵抗は特に指定がない限り0.1%

（b）出力フィルタ付きの絶縁された4-20mA電流レシーバ（バー・ブラウン）

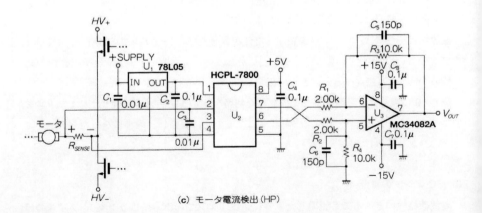

（c）モータ電流検出（HP）

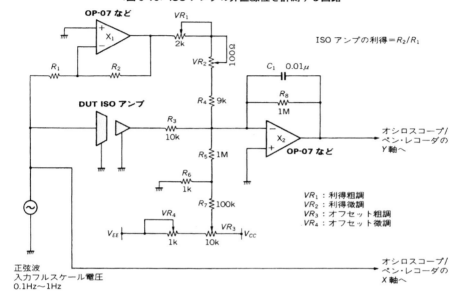

〈図 6-16〉ISO アンプの非直線性を計測する回路

かに変復調タイプの場合はキャリアやスプリアスが漏れて出力されることがあります（**写真 6-3**）．したがって，一般の OP アンプとはまったく異なり，しかもかなり大きなことがあるので注意が必要です．

また，ISO アンプ・モジュールの出力雑音特性を比較する場合は，周波数特性のほかに最大出力電圧を考慮する必要があります．同じ $1\,\mathrm{mV_{rms}}$ の雑音電圧でも，そのモジュールの最大出力電圧が $1\,\mathrm{V}$ のものと $10\,\mathrm{V}$ のものでは，ダイナミック・レンジに 10 倍の差がでてくるからです．

雑音出力を評価する場合は，最大出力電圧と雑音電圧の比であるダイナミック・レンジの大きさが基準になります．

## ● 直流オフセット温度ドリフト

これは OP アンプと同じで，入力電圧が $0\,\mathrm{V}$ のときでも周囲温度の変化によって直流電圧が出力されてしまう現象です．温度変化の激しい環境で使用する場合はとくに注意が必要です．

一般には，直線性と同様にトランスを使用した変復調タイプの ISO アンプのほうが優れているようです．また，雑音と同じく出力に現れたオフセット温度ドリフトの値は，最

〈写真6-3〉
**ISOアンプ出力にはランダム雑音のほかにキャリアやスプリアスが現れる**（対策にはp.152で説明するようにISOアンプの前にフィルタを入れる．プリンタ出力による）

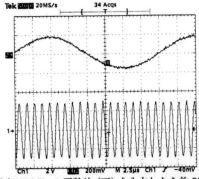

(a) 950 kHzの正弦波（下）を入力したら約50 kHzのスプリアス（上）が現れた

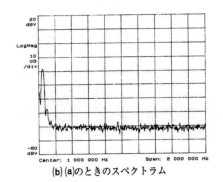

(b) (a)のときのスペクトラム

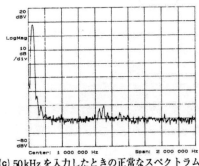

(c) 50 kHzを入力したときの正常なスペクトラム

大出力との比が大きいほど優れたISOアンプ・モジュールといえます．

## 6.4 アイソレーション・アンプの使い方

● プリアンプの前に置くか後に置くか

　図6-17は，センサで発生したフルスケール100 mVの信号を100倍増幅して，10 Vの信号出力を得るためのブロック図です．このとき，

① ISOアンプの利得は1で，$3\,mV_{rms}$の内部雑音を発生している

② OPアンプの利得100で使用周波数帯域で$0.3\,mV_{rms}$の入力換算雑音電圧がある

としています．すると図から明らかなように，**図(b)**にくらべて**図(a)**のほうが最終出力での雑音が10倍になっていることがわかります．

　一般にISOアンプは，OPアンプにくらべて内部雑音が多いのが欠点です．そのため利

〈図 6-17〉
レベルの配置… ISO アンプと OP
アンプをどう置くか

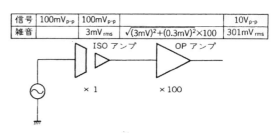

| 信号 | 100mV_{p-p} | 100mV_{p-p} | | | 10V_{p-p} |
|---|---|---|---|---|---|
| 雑音 | | 3mV_{rms} | $\sqrt{(3mV)^2+(0.3mV)^2}\times100$ | | 301mV_{rms} |

(a) ISO アンプの雑音特性の悪さが増幅される

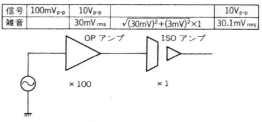

| 信号 | 100mV_{p-p} | 10V_{p-p} | | | 10V_{p-p} |
|---|---|---|---|---|---|
| 雑音 | | 30mV_{rms} | $\sqrt{(30mV)^2+(3mV)^2}\times1$ | | 30.1mV_{rms} |

(b) 内部雑音の高い ISO アンプは OP アンプで十分
増幅したあとに！

　得をかせぐ場合は内部雑音の少ない OP アンプで十分増幅してから，最後に配置するよう
にします．
　*CMRR* や直流オフセットの温度ドリフトについても同様なことがいえます．とくに
*CMRR* は ISO アンプをどこに配置するかによって決まります．OP アンプで増幅してから
ISO アンプに入力すると，ノーマル・モード利得は前段で増幅した分だけ高くなりますが，
コモン・モードの利得は変わらないため，前段の増幅分だけ *CMRR* が向上します．
　ISO アンプ・モジュールの *CMRR* を比較する場合も，同じように利得を考慮する必要が
あります．

### ● 雑音を除去するフィルタの配置

　たとえばセンサから得られた信号 10 mV に対して，信号より周波数の高い 10 倍もの振
幅をもつ雑音が重畳される可能性のあるときを考えてみましょう．図 6-18 はその雑音対
策のために，フィルタを配置した例です．信号に対して雑音が 10 倍も含まれているため，
信号をいきなり 1000 倍増幅したのでは，雑音のために増幅器が飽和してしまいます．
　そこで，まず内部雑音の少ない OP アンプで信号を 100 倍増幅してから，ローパス・フ
ィルタで高周波の雑音を除去します．そして，ISO アンプの入力フルスケール値である

〈図6-18〉ローパス・フィルタはどこに置くか

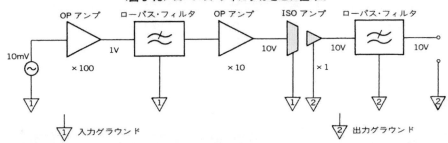

10 V にするためにさらに 10 倍増幅してから ISO アンプに入力しています。最後に ISO アンプの出力に現れたキャリア漏れや不要な高域雑音をローパス・フィルタで取り除いています。

センサ出力をいきなりローパス・フィルタに入力してもよさそうに考えられますが、アクティブ・フィルタなどには OP アンプが多数使用され、OP アンプ単体よりも内部雑音が多くなることがあります。また、*LC* フィルタなどではインピーダンス・マッチングが難しいことが多いので、このような配置がもっとも *S/N* の良いシステムとなります。

● **不要な高周波信号を入力しない**

変調方式（フォト・カプラをリニアに使用したもの以外はほとんど）の ISO アンプを使用するときに注意しなくてはならないことに、高周波信号に対する応答があります。**図6-19** にそのようすを示します。

**図(a)**は 100 kHz で変調している ISO アンプに周波数 10 kHz の信号を入力したときの変調後の ISO アンプ内部の周波数スペクトラムを示したものです。変調によって、キャリア周波数の両端に信号周波数によるスペクトラムが発生します。

さらに信号周波数が高くなってくると、**図(b)**に示すようにキャリア周波数の両端のスペクトラムの低いほうの成分がより低くなって、信号成分に近づいてきます。そして信号周波数がキャリア周波数の 1/2 の周波数（ナイキスト周波数と呼ぶ）を越えると**図(c)**のように信号周波数よりも低いスペクトラムとなってしまい、ISO アンプのフィルタを通過して出力に現れてしまうことになります。

**図6-19** では信号とスプリアスを同じ大きさで説明してありますが、スプリアスの大きさは入力増幅器などの特性によって変化します。また周波数が高くなると当然振幅は小さくなります。

〈図 6-19〉
ISO アンプの変調によって生じる
スペクトラム

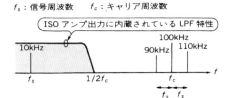

(a) 信号周波数 10kHz, キャリア周波数 100kHz 時の
スペクトラム

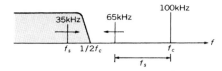

(b) 信号周波数が高くなると

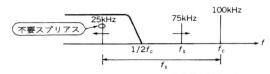

(c) 信号周波数がナイキスト周波数を越えると
(75kHz の信号が 25kHz にバケてしまう!)

　もちろん変調方式によっては, キャリア成分は現れないものもあります.

　このように変調方式 ISO アンプに, キャリア周波数の 1/2 以上の周波数成分を入力すると不要なスプリアスを生じます. このような危険性のあるシステムには, ISO アンプの前段に必ずローパス・フィルタを挿入して, 不要な高周波信号を除去してから, ISO アンプに信号を導く必要があります.

　これは A-D コンバータを使用するときに, サンプル周波数の 1/2 以上の周波数の信号成分を入力しないようにアンチエイリアス・フィルタを挿入することと同じ理屈です.

　ISO アンプのキャリア周波数が不明な場合には, 仕様に記載されている使用周波数帯域以上の信号成分を入力するのは危険と判断すればよいでしょう. 入力されるであろう信号の周波数が, 変調周波数よりも十分低い場合はフィルタは不要です.

## ● ISO アンプの近くに雑音源があるとき

　スイッチング電源や DC-DC コンバータなどを使用すると, 電源雑音…スイッチング・ノイズがかなり大きいことがあります. このスイッチング・ノイズが ISO アンプに混入し,

先のエイリアス現象を生じることがあります.

　高 *S/N* のシステムを設計する際には，ISO アンプの変調周波数とスイッチング電源の周波数に注意して，その差の周波数成分の雑音が目立つときは，電源ライン雑音を高周波特性の良いバイパス・コンデンサによって抑えるとか，電源をほかの雑音の小さいものに変えてみる必要があります.

　アイソレーション・アンプを多チャネルで使用するとき，互いの変調キャリアが影響しあうこともあります. ISO アンプを多チャネルで使用するときのために，同期クロック入力のついたモジュールも市販されています. これらを使えばすべての ISO アンプのクロック（キャリア）が同期して動作するので，影響はなくなります.

　もちろん変調周波数が同期していなくても，キャリア漏れが少ないモジュールならこのような心配はありません.


## ● ISO アンプの実装…絶縁を考慮することが重要

　ISO アンプ・モジュールは，入出力間のインピーダンスを高く保ち，互いに干渉しないように十分注意して設計されていますが，プリント基板に実装するときにも同様な注意が必要です.

　**図 6-20** に ISO アンプのプリント基板への実装例を示しますが，**図(a)**のように信号パターンと反対側のグラウンドに容量結合があると，コモン・モード雑音が信号ラインに混入して，絶縁能力… *IMRR* は必ず劣化します.

　ISO アンプのパターン設計や実装では，**図(b)**のように入-出力間は互いに自分のグラウンドで囲んで距離を十分とるようにします. 入-出力のパターンが基板上で入り組むなどは論外ですが，高耐圧の必要があるときには**図 6-21** に示すように，入-出力間の隙間にルータ加工でスリットを入れたりします.

　プリント基板から外へ出た後の盤間配線も同様です. 入-出力が近接しないように配線しなくてはなりません.


## ● 別電源… DC-DC コンバータを用いるとき

　電源の内蔵されていない ISO アンプでは別電源を用いることになりますが，高 *IMRR* や高アイソレーション・インピーダンスの必要があるときは，電源モジュールにも ISO アンプと同様な注意が必要です.

　別電源を用意するとなると DC-DC コンバータを使用するのが一般的ですが，中には非

〈図 6-20〉
ISO アンプの実装…回路図で考え
ると

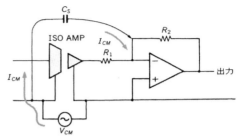

出力に現れる $V_{CM}$ の影響 $= V_{CM} \times j\omega_{CM} C_S \times R_2$

**(a)** IMRR が必ず劣化する実装

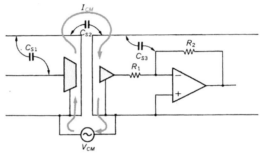

入出力は互いに自分のグラウンドで囲む.
$I_{CM}$ は $C_{S2}$ により入出力互いのグラウンド間に流れるだけで
信号に混入しない.

**(b)** 入出力間は自分のグラウンドで囲む

〈図 6-21〉ISO アンプの実装…実際はこうする

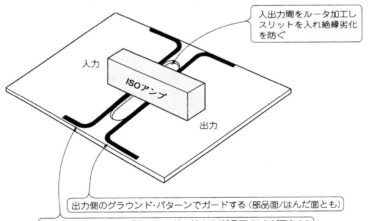

入出力間をルータ加工し
スリットを入れ絶縁劣化
を防ぐ

出力側のグラウンド・パターンでガードする（部品面/はんだ面とも）

入力側のグラウンド・パターンでガードする（部品面/はんだ面とも）

絶縁タイプの DC-DC コンバータもあります．絶縁の項目に注意して，とくにアイソレーション容量の小さいものを選ぶ必要があります．

高調波による影響でも説明したように，電源から出力されるスイッチング・ノイズが少ないものを使用するのは当然ですが，電源ラインには**図 6-22** に示すように十分にバイパス・コンデンサを挿入します．

また，DC-DC コンバータの発生するコモン・モード雑音も重要なのですが，この規定の仕方がなかなか難しく，一般にはリプル雑音の項目しか記載されていません．DC-DC コンバータを使用する場合には，あらかじめ試作して，装置全体の雑音特性を評価してから採用を決定することが重要です．

## ● ISO アンプを使用しないアイソレーション

アイソレーション…絶縁を実現するには，もちろん ISO アンプだけでなく，いろいろな手法を使用することができます．

**図 6-23** はもっともポピュラな方法で，V-F コンバータと F-V コンバータを使用する方法です．V-F 変換はいわゆる周波数変調です．V-F/F-V コンバータ共に安価なチップが市販されていますので，直流領域であれば簡単に実現することができます．

A-D/D-A コンバータも民生機器で大量に使用されるようになったため，高性能な A-D/D-A コンバータ・チップも安価に手に入ります．**図 6-24** に示すように，アナログ信号を A-D コンバータでディジタル信号に変換した後，フォト・カプラでアイソレーションすると温度変化/径年変化のない高精度のアイソレーションが実現できます．

このとき A-D 変換後のディジタル・データをパラレル（並列）でアイソレーションするとたくさんのフォト・カプラが必要になりますが，**図 6-24** のようにシリアル・データ出力付きの A-D コンバータを使用すると，3 個のフォト・カプラでアイソレーションを実現す

〈**図 6-22**〉
**電源からの雑音対策も重要だ**

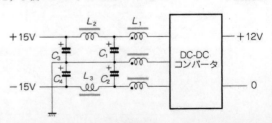

〈図 6-23〉 *V-F / F-V* コンバータを使用したアイソレーション

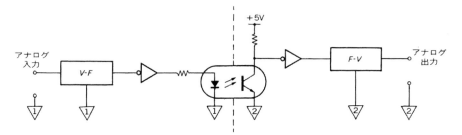

ることができます.

　アナログ出力のアイソレーションもフォト・カプラと D-A コンバータで実現できます.
しかし，速度が遅くても構わないときは，**図 6-25** に示すように汎用マイコン周辺 LSI で
ある 8253 (Programable Interval Timmer) をモード 1 のプログラマブル・ワンショット
として使用し，出力をフォト・カプラでアイソレーションしてからローパス・フィルタを通
すと，設定された数値に比例した直流電圧が得られます. 確度はともかく，単調増加性は
確実に保証されます.

### ● 入力フローティングのシグナル・コンディショナ

　**図 6-26** はメーカ製 ISO アンプ CA-701R2 を使用した，入力部フローティングの汎用シ
グナル・コンディショナです. 周波数特性は DC ～ 10 kHz，利得は − 30 dB ～ +40 dB と
なっています. ISO アンプの出力を直接利用したり，A-D コンバータでディジタル・デー
タに変換して使用することができます.

　この回路では高い入力電圧を可能にするために，− 40 dB のアッテネータをメカニカ
ル・リレーで切り替えています. また OP アンプ $U_1$，$U_{2B}$ の利得をアナログ・スイッチで切
り替えて +40 dB ～ − 30 dB の入力レンジ切り替えが行えるようになっています.

　OP アンプ $U_{2A}$ はしゃ断周波数 20 kHz のローパス・フィルタです. 高域の雑音を除去し
てから ISO アンプに信号を加えています.

　なお，メカニカル・リレーでは接点に発生した酸化膜を開閉時の電気的衝撃で破壊し，
接触不良を防いでいます. このため開閉する信号が微小になると酸化膜が破壊できず，接
触不良が生じることがあります. メカニカル・リレーで信号を開閉するときには最小電圧
と電流が規定されています. ここではリレー $K_1$ に通常のリレーを使用していますが，さ
らに利得を上げ，微小信号を扱う場合には水銀リレーが必要となります.

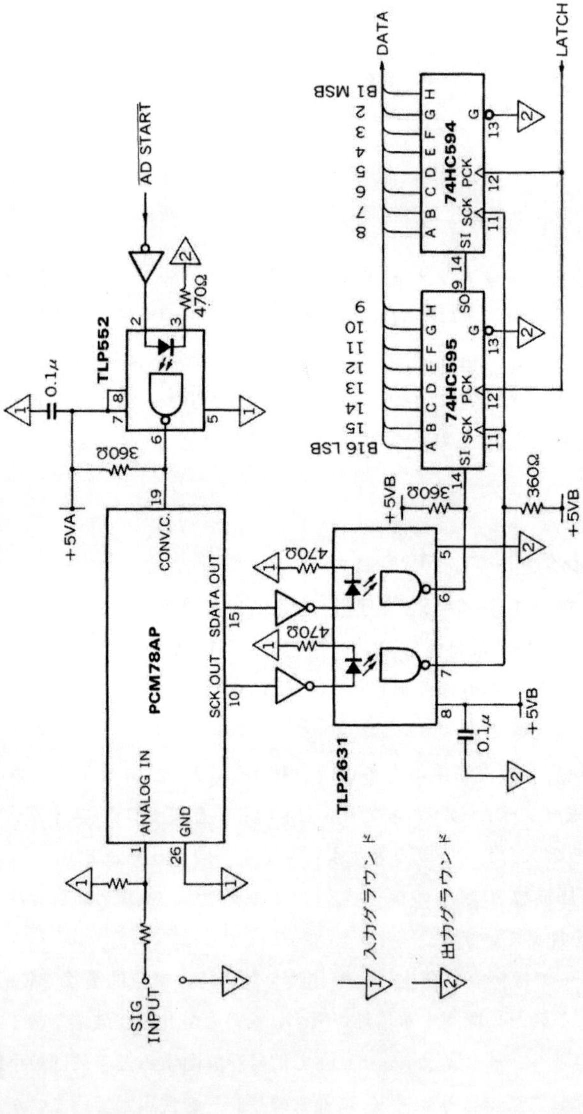

〈図6-24〉3個のフォト・カプラで絶縁した16ビットA-Dコンバータ

〈図 6-25〉8253 とフォト・カプラで絶縁した D-A コンバータ

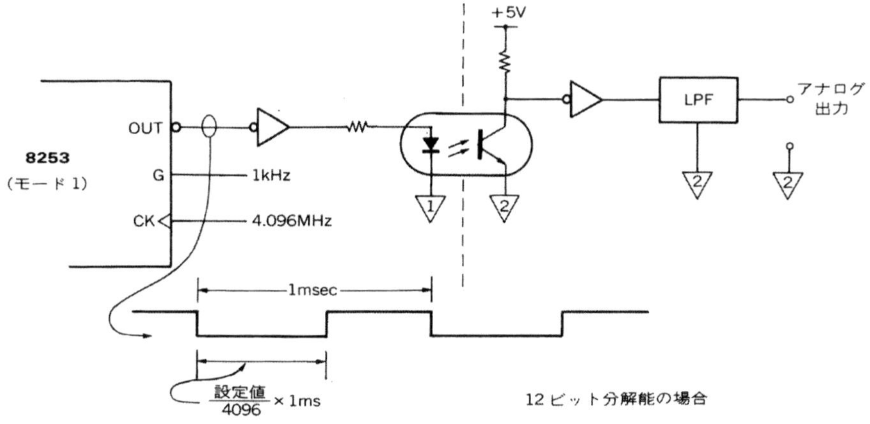

また，リレーは熱起電力により 10 $\mu$V 程度の直流オフセット電圧が生じます．微小な直流電圧を扱う場合には，周囲に温度差が生じないような構造にする必要があります．

ここで使用した OP アンプの利得切り替えは，帰還量が変化します．そのため利得によって高域のしゃ断周波数や位相特性が変化します．例えば U$_2$ では，$\mu$PC812 の *GBW* が 4 MHz なので，利得 3.16 では約 1.2 MHz，利得 10 では 400 kHz の高域しゃ断周波数となります．

しかし全体では U$_{2A}$ のローパス・フィルタとアイソレーション・アンプに内蔵されたしゃ断周波数 10 kHz の 3 次バターワース・ローパス・フィルタで周波数特性は決定され，利得の切り替えによる周波数特性の変化はなくなります．

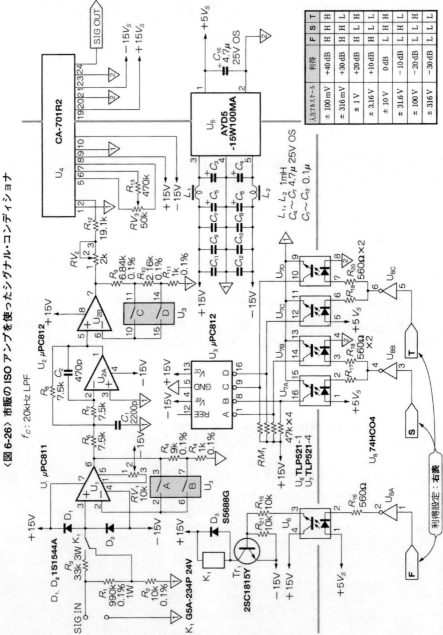

**〈図6-26〉市販のISOアンプを使ったシグナル・コンディショナ**

$f_C$：20kHz LPF

| 利得 | 入力フルスケール | F | S | T |
|---|---|---|---|---|
| +40dB | ±100mV | H | H | H |
| +30dB | ±316mV | H | H | L |
| +20dB | ±1V | H | L | H |
| +10dB | ±3.16V | H | L | L |
| 0dB | ±10V | L | H | H |
| −10dB | ±31.6V | L | H | L |
| −20dB | ±100V | L | L | H |
| −30dB | ±316V | L | L | L |

# APPENDIX

# フォト・カプラによる無変調タイプ
# アイソレーション・アンプの試作

　第6章で説明したように，ISO アンプを実現するにはいろいろな方法があります．現在では雑音対策，安全性対策のために需要も増えています．そのため多くのメーカが競ってISO アンプを開発しており，高精度の ISO アンプ・モジュールが比較的安価で使用できるようになってきました．

　したがって，実際に製品に使用するときはメーカ製の ISO アンプ・モジュールを購入することが多くなりますが，ここでは CQ 出版社の本らしく安価で入手しやすく，しかも少ない部品で実現できるフォト・カプラを使用した ISO アンプを試作します．

### ● アイソレーション・アンプを試作してみよう

　第6章でも紹介しているように ISO アンプは変調技術を使ったトランスあるいはフォト・カプラによるものが多いのですが，ここではもっとも構成しやすいフォト・カプラによる無変調タイプのものに挑戦してみます．

　試作することによって，ISO アンプの中味，特性が良く理解できるからです．

　またフォト・カプラの種類も最近はかなり豊富になってきました．特性も従来に比べると飛躍的に向上してきています．以前にフォト・カプラによる無変調アイソレーション・アンプを実験・試作してあきらめた方も多いと思いますが，最近の部品を使えばかなりの特性向上が期待できます．興味のある方はぜひとも挑戦してみてください．

## ● フォト・カプラの特性調査から

　無変調 ISO アンプに使用するフォト・カプラは，信号をリニアに伝達できるものでなければなりません．もっともよく使用されているフォト・カプラはディジタル信号伝送用になっています．データブックの中から，リニア特性の優れたものを選びます．

　**表 6-4** はそのようなフォト・カプラ TLP621 の定格です．オーソドックスなフォト・カプラです．この TLP621GR を購入して，**図 6-27** の回路で入力-出力電流特性を計測したのが**図 6-28** です．

　また，この TLP621 を複数用意して LED に 3 mA の電流を流したときの出力電流のばらつきを計測したのが**図 6-29** です．

　**図 6-28** より，このフォト・カプラを ISO アンプ用として使用するときの直線動作範囲の良好な出力電流は，6 〜 7 mA を中心とした ± 2 mA であることがわかります．よって，この値をもとに回路を設計します．

**〈図 6-27〉フォト・カプラの選別回路**

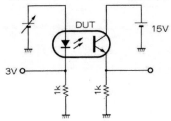

**〈図 6-28〉TLP621-1-GR の入出力特性**

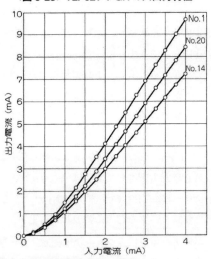

**〈図 6-29〉同一ロットの TLP621-1-GR の $I_C$ のばらつき（$I_F$ = 3 mA 時）**

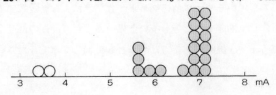

## 〈表 6-4〉リニア・フォト・カプラ TLP621 の特性 $(T_A = 25\ ℃)$

| 形　名 | 分類名称 | 変換効率（%）<br>$(I_C / I_F)$<br>$I_F = 5\ mA,\ V_{CE} = 5\ V$ | | 製品表示番号 |
|---|---|---|---|---|
| | | 最小 | 最大 | |
| TLP621 | 無 | 50 | 600 | 無印, Y, Y ■, G, G ■, B, B ■, GB |
| | Y ランク品 | 50 | 150 | Y, Y ■ |
| | GR ランク品 | 100 | 300 | G, G ■ |
| | BL ランク品 | 200 | 600 | B, B ■ |
| | GB ランク品 | 100 | 600 | G, G ■, B, B ■, GB |
| TLP621-2 | 無 | 50 | 600 | 無印, GR, BL, GB |
| TLP621-4 | GB ランク品 | 100 | 600 | GR, BL, GB |

(a) 変換効率

| | 項　目 | 記　号 | 測定条件 | 最小 | 標準 | 最大 | 単位 |
|---|---|---|---|---|---|---|---|
| 発光側 | 順電圧 | $V_F$ | $I_F = 10\ mA$ | 1.0 | 1.15 | 1.3 | V |
| | 逆電流 | $I_R$ | $V_R = 5\ V$ | − | − | 10 | $\mu A$ |
| | 端子間容量 | $C_T$ | $V = 0,\ f = 1\ MHz$ | − | 3 | − | pF |
| 受光側 | コレクタ-エミッタ間<br>降伏電圧 | $V_{(BR)CEO}$ | $I_C = 0.5\ mA$ | 55 | − | − | V |
| | エミッタ-コレクタ間<br>降伏電圧 | $V_{(BR)ECO}$ | $I_E = 0.1\ mA$ | 7 | − | − | V |
| | 暗電流 | $I_D\ (I_{CEO})$ | $V_{CE} = 24\ V$ | − | 10 | 100 | nA |
| | | | $V_{CE} = 24\ V,\ T_A = 85\ ℃$ | − | 2 | 50 | $\mu A$ |
| | 端子間容量 | $C_{CE}$ | $V = 0,\ f = 1\ MHz$ | − | 10 | − | pF |

(b) 電気的特性

| 項　目 | 記　号 | 測定条件 | 最小 | 標準 | 最大 | 単位 |
|---|---|---|---|---|---|---|
| 変換効率 | $I_C / I_F$ | $I_F = 5\ mA,\ V_{CE} = 5\ V$ | 50 | − | 600 | % |
| | | GB ランク品 | 100 | − | 600 | |
| 変換効率（飽和） | $I_C / I_{F(sat)}$ | $I_F = 1\ mA,\ V_{CE} = 5\ V$ | − | 60 | − | % |
| | | GB ランク品 | 30 | − | − | |
| コレクタ-エミッタ間<br>飽和電圧 | $V_{CE(sat)}$ | $I_C = 2.4\ mA,\ I_F = 8\ mA$ | − | − | 0.4 | V |
| | | $I_C = 0.2\ mA,\ I_F = 1\ mA$ | − | 0.2 | − | |
| | | GB ランク品 | − | − | 0.4 | |

(c) 結合特性

| 項　目 | 記　号 | 測定条件 | 最小 | 標準 | 最大 | 単位 |
|---|---|---|---|---|---|---|
| 入出力間浮遊容量 | $C_S$ | $V_S = 0,\ f = 1\ MHz$ | − | 0.8 | − | pF |
| 絶縁抵抗 | $R_S$ | $V_S = 500\ V$ | $5 \times 10^{10}$ | $10^{14}$ | − | $\Omega$ |
| 絶縁耐圧 | $BV_S$ | AC, 1 分 | 5000 | − | − | $V_{rms}$ |
| | | AC, 1 秒 | − | 10000 | − | |
| | | DC, 1 分 | − | 10000 | − | $V_{dc}$ |

(d) 絶縁特性

## ● アイソレーション・アンプの設計

図 **6-30** が設計した ISO アンプの回路構成です．OP アンプの出力でフォト・カプラの LED を直接ドライブするのは苦しいので，OP アンプの負荷を軽くするためと LED を電流駆動するために，トランジスタ $Tr_1$ を使用しています．$C_6$ と $C_7$ のコンデンサは，フォト・カプラの伝達遅れによる周波数特性の暴れを位相補正するためのものです．

ツェナ・ダイオード $D_1$ と $D_2$ は，フォト・カプラの受光トランジスタの $V_{CE}$ 電圧を下げ，フォト・カプラの電力損失による発熱を避けるために使用しています．$V_{CE}$ 電圧を下げることによってフォト・カプラ内の受光トランジスタの暗電流（漏れ電流）が減り，温度変化による暗電流の変化…直流オフセット・ドリフトを減少させることが期待できます．

出力の直流オフセット電圧は $VR_1$ によって調整し，$VR_2$ で入出力利得が 1.0 になるよう調整します．

なお，この回路は電源電圧が変動すると $R_2$ と $R_4$ に流れる電流が変化して直流オフセットが生じます．これを避けたいときは，$R_2$ と $R_4$ を図 **6-31** に示すような定電流回路にします．

〈図 6-30〉 TLP621 を使用した ISO アンプ回路

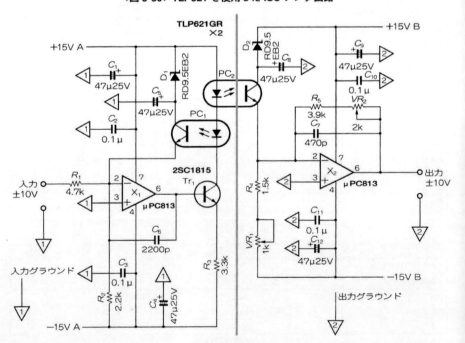

〈図6-31〉
電源電圧の変動による影響を少なく
する定電流回路

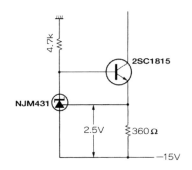

● リニアに伝達できるしくみ

図6-32が，この回路の入力電圧を変化させたときの動作電流の変化を説明した図です．

$X_1$ の＋入力は常に0V電位となっているので，$X_1$ の－入力も常に0Vになるようにフォト・カプラ $PC_1$ は駆動されます．このフィードバックによって $X_1$ の－入力が0Vにな

〈図6-32〉
各入力電圧における動作電流

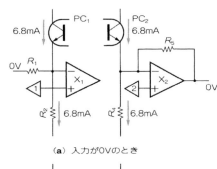

（a）入力が0Vのとき

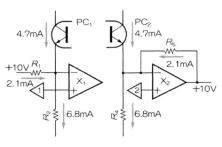

（b）入力が＋10Vになると

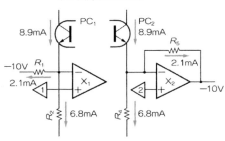

（c）入力が－10Vのときは

るので，$R_2$ には 15 V/2.2 kΩ =6.8 mA の電流が流れます．

入力が 0 V のときは，$R_2$ に流れる電流はすべて $PC_1$ から流れます〔**図(a)**〕．

入力に + 10 V が加わると，$R_2$ には（10 V/4.7 kΩ =2.1 mA）が流れるので，$PC_1$ の電流は 4.7 mA となります〔**図(b)**〕．

入力に − 10 V が加わると，$PC_1$ から 2.1 mA 流れ込むので，$PC_1$ の電流は 8.9 mA となります〔**図(c)**〕．そして，$PC_1$ と $PC_2$ のフォト・カプラの電気的特性が同じならば，それぞれの LED に流れる電流は同じになるはずなので，2 次側の電流も同じになって，入力電圧に等しい出力電圧が得られることになります．

● 周波数特性を計測すると

**図 6-33** が位相補正用コンデンサ $C_6$ と $C_7$ を調整して得られた ISO アンプとしての利得・位相-周波数特性です．−3 dB 減衰する周波数…カットオフ周波数が 70 kHz ですから，オーディオ帯には十分な特性です．

**写真 6-4 ～写真 6-7** に実際の回路の応答波形を示します．

**写真 6-4** が 1 kHz の方形波に対する応答波形です．直流増幅器なのでサグなどのないきれいな波形になっています．

**写真 6-5** は入力電圧 2 $V_{P-P}$/10 kHz のときの方形波応答波形です．**図 6-33** の周波数特

〈図 6-33〉TLP621 を使用した ISO アンプの利得/位相-周波数特性

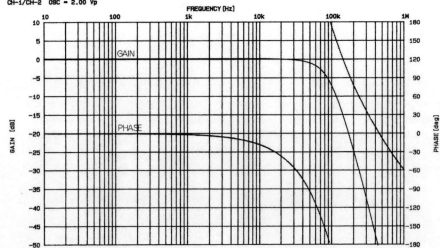

〈写真 6-4〉
小振幅方形波応答波形
（1 kHz, 200 μs/div）

〈写真 6-5〉
小振幅方形波応答波形
（10 kHz, 20 μs/div）

〈写真 6-6〉
大振幅方形波応答波形
（10 kHz, 20 μs/div）

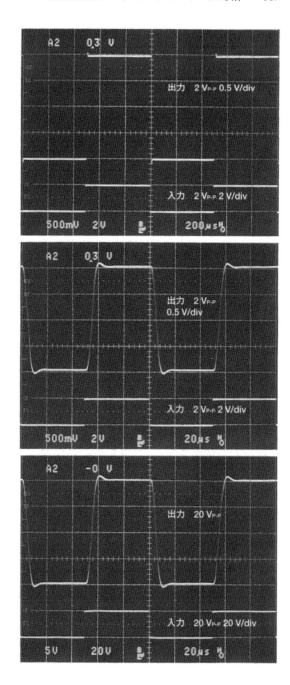

〈写真 6-7〉
立ち上がり応答波形
(2 μs/div)

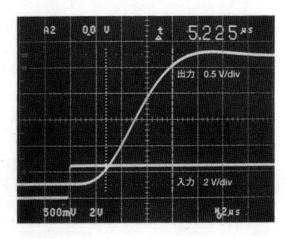

性を見るとわかるように，高域の減衰特性が 6 dB/oct より急になっているので，位相ひ
ずみのために若干ピークが見えます．しかしリンギングなどはなく安定な特性になってい
るのがわかります．

　写真 6-6 は，さらに入力電圧を 20 V_{P-P}/10 kHz にしたときの応答波形です．写真 6-5
とほとんど同じ波形になっているので，スルーレートの影響がないことがわかります．

　写真 6-7 は波形の立ち上がり特性です．5.2 μs の立ち上がり時間となっています．ス
ルーレートにすると，2.5 V/μs くらいでしょうか．

● アイソレーション特性 *IMRR* は

　図 6-34 が ISO アンプのもっとも重要な特性であるアイソレーション・モードの利得
（IM GAIN）-周波数特性と *IMRR*-周波数特性です．利得-周波数特性と IM GAIN-周波数

〈図 6-34〉
アイソレーション・モード利得と
*IMRR*-周波数特性

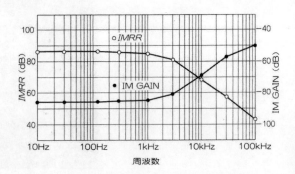

〈図 6-35〉
アイソレーション・モードの利得

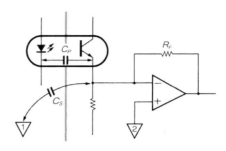

$$\text{IM GAIN} = R_F \times j\omega\ (C_S + C_P)$$

特性の比が *IMRR*（Isolation Mode Rejection Ratio）-周波数特性となりますが，図より，*IMRR* が 1 kHz で 85 dB，10 kHz で 70 dB とまずまずの値になっていることがわかります．
　フォト・カプラを使ったこの方式で *IMRR* の値を決定しているのは，主にフォト・カプラの出力電流を電圧に変換する *I-V* 回路です．**図 6-35** にこの部分を示しますが，フォト・カプラの内部容量 $C_P$ と回路の浮遊容量 $C_S$ と，OP アンプの帰還抵抗 $R_F$ で微分回路が構成され，容量，抵抗の値に比例して *IMRR* は悪くなってしまいます．
　この回路において，浮遊容量 $C_S$ の大きさはシールドや部品配置の工夫によって小さくできますが，$C_P$ と $R_F$ の大きさはフォト・カプラの性能によって決定されてしまいます．とくに $R_F$ の値はフォト・カプラの電流変換効率が悪いと大きくせざるを得ません．
　したがってこの種の ISO アンプにおいては，フォト・カプラの電流変換効率は *IMRR* および雑音特性に対して重要なパラメータとなります．

● **ひずみ特性と雑音特性**
　**図 6-36** が 7 V$_{\text{rms}}$ 出力時のひずみ-周波数特性です．1 kHz 以上では負帰還の量が減っていくので次第にひずみが増えています．
　**図 6-37** は周波数 1 kHz のときのひずみ-出力電圧特性です．雑音も含むひずみのグラフが左上がりになっており，ひずみ成分は少なくて雑音が支配的であることが一目瞭然です．
　**写真 6-8** が 1 kHz/7 V$_{\text{rms}}$ でのひずみのリサージュ波形です．ほとんど雑音で占められています．このときの雑音を含めたトータルひずみ特性 *Distn* では 0.059 %，雑音を取り除いた高調波ひずみだけでは 0.026 % となっています．
　**写真 6-9** は 10 kHz/7 V$_{\text{rms}}$ でのひずみのリサージュ波形です．雑音成分よりも 2 次ひずみが支配的であることがわかります．

〈図 6-36〉出力 7 V$_{rms}$ 時のひ
ずみ-周波数特性

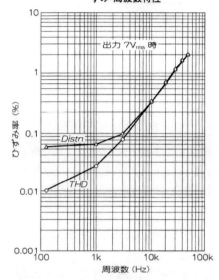

〈図 6-37〉周波数 1 kHz 時のひ
ずみ-出力電圧特性

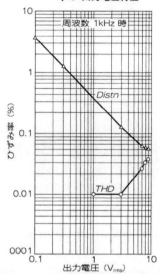

図 6-38 は，図 6-27 で選別したフォト・カプラ 12 個 (6.75 mA 〜 7.25 mA) を交換して，
10 kHz でのひずみを計測した結果です．この範囲で選別して使用すれば，ひずみ特性に
ついてはほぼ問題ない値となるようです．

図 6-39 は，ロックイン・アンプを使用して計測した出力雑音電圧密度です．低域では
かなり大きな値になっています．この特性から，周波数帯域を制限したときの出力雑音が

〈写真 6-8〉
ひずみリサージュ波形
(1 kHz, 7 V$_{rms}$, ひずみ 0.059 %)

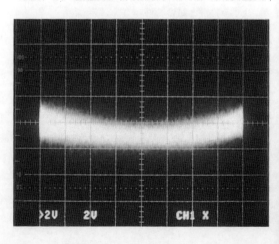

〈写真 6-9〉
ひずみリサージュ波形
（10 kHz，7 V_{rms}，ひずみ 0.32%）

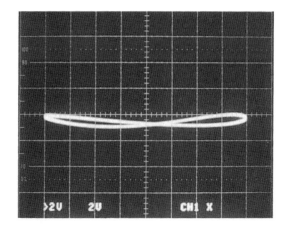

〈写真 6-10〉
フル・スケールの 1/100 のときの
入出力波形
（1 kHz 正弦波，200 μs/div）

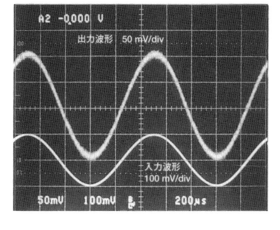

〈図 6-38〉フォト・カプラを交換した
　　　　ときのひずみのばらつき
　　　（周波数：10 kHz，出力：
　　　　7 V_{rms}）

〈図 6-39〉　出力雑音密度-周波数特性

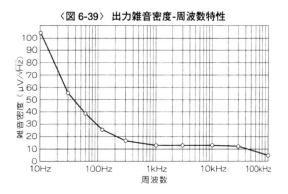

〈図 6-40〉CNR201 を使用した ISO アンプの回路

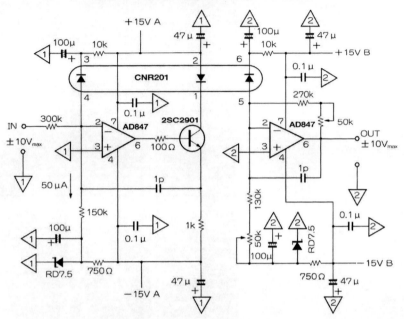

検討できます.

　**写真 6-10** は，1 kHz の正弦波をフルスケールの 1/100 の振幅で入力したときの応答波形です．まずまずの *S/N* となっているのがわかります．写真ではわかりませんが，このレベルでは直流ドリフトのほうが目立ちます.

● **相似特性を保証したフォト・カプラを使用すると**

　ここでの試作では，部品入手の関係から普通のフォト・カプラの中から相似特性の良いものを選択して回路を作りましたが，世の中にはあらかじめ相似特性を保証したものも販売されています.

　**図 6-40** にその代表である CNR201 を使用した ISO アンプの構成を示しておきます.

　特性の揃ったフォト・カプラさえ実現できれば，特性の良い ISO アンプの実現は容易になります．今後のフォト・カプラの改良に期待したいものです.

# 索　引

# 計測のためのアナログ回路設計［オンデマンド版］

1997年 11月 1日　初版発行
2013年　1月 1日　第9版発行
2021年 11月15日　オンデマンド版発行

© 遠坂 俊昭 1997
（無断転載を禁じます）

著　者　　遠　坂　俊　昭
発行人　　小　澤　拓　治
発行所　　CQ出版株式会社

ISBN978-4-7898-5277-7

〒112-8619　東京都文京区千石 4-29-14

乱丁・落丁本はご面倒でも小社宛てにお送りください．
送料小社負担にてお取り替えいたします．
本体価格は裏表紙に表示してあります．

電話　編集　03-5395-2123
　　　販売　03-5395-2141
振替　　　　00100-7-10665

表紙デザイン　アイドマ・スタジオ

印刷・製本　大日本印刷株式会社
Printed in Japan